格局
定结局

郭影 / 编著

中国出版集团
中译出版社

图书在版编目（CIP）数据

格局定结局／郭影编著 . —北京：中译出版社，
2020. 1（2024. 4 重印）

ISBN 978－7－5001－6156－1

Ⅰ.①格… Ⅱ.①郭… Ⅲ.①成功心理－通俗读物
Ⅳ. ①B848. 4－49

中国版本图书馆 CIP 数据核字（2020）第 002393 号

格局定结局

出版发行／中译出版社

地　　址／北京市西城区普天德胜大厦主楼 4 层

电　　话／（010）68359376　68359303　68359101　68357937

邮　　编／100044

传　　真／（010）68358718

电子邮箱／book@ctph. com. cn

责任编辑／范　伟　　　　　　**规　　格**／880 毫米×1230 毫米　1/32
封面设计／仙　境　　　　　　**印　　张**／6
　　　　　　　　　　　　　　　　字　　数／150 千字
印　　刷／三河市刚利印务有限公司　**版　　次**／2020 年 1 月第 1 版
经　　销／新华书店　　　　　　**印　　次**／2024 年 4 月第 2 次

ISBN 978－7－5001－6156－1　　　　定价：39. 80 元

前　言

大鹏一日同风起，扶摇直上九万里。一个人所成的事，超不过其格局。

清末重臣李鸿章在 23 岁时曾作言志诗："丈夫只手把吴钩，意气高于万丈楼；一万年来谁著史，三千里外觅封侯。"而和他同一个时代的重臣左宗棠，在 24 岁时作有一副言志对联："身无半亩，心忧天下；读破万卷，神交古人。"李鸿章的格局是"觅封侯"，终平步青云、爵位显赫；左宗棠的格局是"忧天下"，终平叛定乱、战功显赫。

不同的格局，造就了不同的人生。现代社会给了我们极大的选择自由，不少人却喜欢自我设限，将格局做得很小。人生是一盘大大的棋，你只在一个边角消磨时间。要是能怡然自得倒没什么，因为幸福只是一种单独个体的感觉，你觉得蛮好，那就蛮好，旁人无法置喙。但若你一面埋怨自己"命苦"，不甘心，不服气，却还在那个狭仄的边角不思改变，那就需要好好反思了。

身而为人，可以平凡，绝不平庸。就像一条弱小的毛毛虫，梦想着来到绿树红花环绕的彼岸，却被面前那条宽广湍急的河流所阻隔。成功，在最初看来总是那么地遥不可及。可是，只要你在突破，不停地突破；总有一天，会从量变到质变，你会突破那层包裹在自己身上的坚固的蛹……变成一只轻舞双翅自由飞翔的美丽蝴蝶，翩翩地飞越面前的大河。

人生就是这样，在天真中充满梦想，在现实中寻找自我，在苦难中磨砺品性，在失去后学会珍惜。勇敢地突破生命的旧格局吧，成长的过程就是破茧成蝶，挣扎着褪掉身上所有的青涩与丑陋，在阳光下抖动轻盈美丽的翅膀，闪闪地、微微地、幸福地颤抖，然后才能拥有美丽的蓝天！

目　录

第一章　格局决定人的一生

第二章　大格局需要大视野

第三章　大格局需要大才能

第四章　大格局需要大付出

第五章 大格局需要大气魄

第六章 大格局需要大胸怀

第一章　格局决定人的一生

所谓格局，是指一个人的眼光、胆识、胸襟、才能等内在因素。

再大的烙饼也大不过烙它的锅。我们每个人的成就，如同一张烙饼，其大小取决于格局这口"锅"。

人生当有大格局

何谓格局？格局就是指一个人的眼界和心胸。只会盯着树皮里的虫子不放的鸟儿是不可能飞到白云之上的，只有眼里和心中装满了山河天地的雄鹰才能自由自在地在天地之间翱翔！金钱、物质固然重要，可是一个心中只装得下饭碗的人也不会有太大的成就。处世的格局决定了人生结局，别去羡慕别人的叱咤风云，要想有所成就，人生就要有大的格局。

先讲这样一个日本的真实故事：

在一个夏日炎炎的午后，一位想投稿的小青年胆怯地站在某主编办公室的门口，几次想推门进去，又不敢敲门，后来被主编发现，被主编热情地迎进办公室。

主编在看到投稿人画作的一刹那，眼睛亮了一下——这个年轻人的才华和想象力之高超过了主编的预想。很快，主编非常客气地和年轻人就合作的事情达成了共识。

在主编的大力支持下，他的作品很快就在漫画杂志上顺利发表了，他大气磅礴的画风很快被认可，一系列画作发表之后，他在漫画领域逐渐崭露头角。

他本来以为这样一直努力下去就会获得成功，可是日本漫画界竞争的激烈程度远远超出了他的想象。在这个人才辈出的领域里，像他一样有才气肯努力的作者有很多，在这么残酷的竞争环境里，能靠画漫画养活自己就算不错了，更别提成功了。

和梦想比起来，吃饭是一件很现实的事情，为了让自己不至于饿肚子，他不停地改变着自己的风格。什么风格的作品流行，什么作品容易赚钱，他就画什么。这样一来，他的温饱倒是解决了，可是在漫画界奋斗了很久之后，离成功似乎还是那么遥远。而且，跟随流行画风进行创作的人有很多，他随时都可能被别人替代。所以，要想不饿肚子，他就要像机器一样忙个不停，一刻也不敢懈怠。这样的日子一长，他的身心感到了前所未有的疲惫。

这一天，知道他情况不太好的主编特意打来了电话，安慰了他半天后，主编忽然说道："你以前的作品充满了侠骨柔情，但现在我从你的漫画里已经看不到当年的你了。我知道现实生活很残酷，但希望你别丢失了你自己。"和主编通完电话之后，他忽然发现真正的自己已经丢了，现在的自己只是一个疲于奔命，挣扎在温饱线上的可怜人。这几年来，他的目光仅仅局限在如何多赚钱以保证自己的稳定生活上。为了这个目的，他患得患失，经常忧虑，钱不仅没赚多少，内心早已经被折磨得千疮百孔了。

此故事可以给我们的借鉴是，当一个人的视野和心胸都局限在一个小小的领域里的时候，很难想象他能做出什么辉煌的事业。人生想有大成就，就必须有大格局。

后来，这个年轻人改变了自己思维，再接到新的漫画工作时，他考虑的不仅仅是如何迎合潮流了，而是考虑如何将漫画画得有灵魂、有内涵、有思想，并且精彩绝伦。他的视野和心胸里承载的再也不仅仅是金钱和虚名了，而是装载了更多对梦想的追逐和对漫画的热爱。以前的他为了能多赚钱，连自己平时的阅读兴趣都放弃了，仅仅关注那些对赚钱有实际利益的资讯，阅读范围变得狭窄了；而现在的他，学习的领域越来越宽，他的品位和内涵逐步提升，人也变得更加稳重大气。

作品往往就是作者的缩影，现在他的作品恢弘大气，让人产生无限的遐想。他知道，这样一来就在很大程度上不能迎合当前的市场了，自己的收入也会大大下降。可是他更认识到，只有画出独特的风格，他才能在竞争激烈的漫画界胜出，前途比金钱更加重要。

就这样，他的坚持取得了巨大的效果，他在自己最擅长的忍者系列漫画里越来越有名气，后来更是凭借着《火影忍者》迅速走红，成为了亚洲顶级的漫画家之一。

他就是《火影忍者》系列漫画的作者岸本齐史，一位缔造了传奇的年轻人，他的奋斗经历为很多年轻人提供了宝贵的借鉴。可以这样说，他的成功在很大程度上，是由于他的人生有了一个大的格局开始的。

所谓大格局，就是让自己去拥有开放的心胸，去容纳远大的理想，去设立长远的目标，以发展的、战略的、全局的眼光看待问题。格局于人的重要性如战斗前的排兵布阵，如大厦起建前的结构蓝图，如棋盘对弈前的布局造势，是否极尽壮观、雄浑，就看你的格局是否足够开放博大，有无"天作棋盘星作子"的豪壮气魄，有无"风物长宜放眼量"的远见卓识，有无"龙蛇为存而蛰伏"的人生智慧，有无"任凭风吹浪打，胜似闲庭信步"的宠辱不惊，有无"却被傍观冷笑微"后的淡定自若。

对一个人来说，格局有多大，成就就有多大。陈文茜，中国台湾无党籍民意代表、电视节目主持人、作家，台湾知名才女，与李敖、赵少康并称"台湾三大名嘴"，她横跨台湾政治、商业与媒体界，是颇具影响力的风云人物。一次，她在接受白岩松采访时说道："人生处境最怕格局很小。"这正是陈文茜的成功秘诀。作为一个女人，陈文茜之所以能在政坛叱咤风云，在生活中如鱼得水，正是源于她的人生格局。她有许多女人所没有的宽广视野，她有许多男人所没有的胆识气魄，还有很多专家学者所没有的睿智和担当……

人生是短暂的，事业的成功与价值的创造，往往取决于对目标的设定、对繁琐世事的自我解脱和超越。所以，生命中我们想要卓越，我们要想改变目前平凡的人生，要想获得成功和幸福，要想过得快乐和充实，就要整合当前做人的格局。因为我们有什么样的格局，我们的人生就有什么样的结局！所以说，人生要有大格局。

有大格局才有大事业

如果你没有见过高山，就不知道此地是平原；如果你没有见过大海，就不知道此地是小溪；如果你没见过伟大的人物，就不知道自己有多渺小……

这是一位著名主持人在做某节目时说的一句话，且不论他这句话道理是否深刻，但我们必须承认：每个人都有属于自己的格局，或大或小的空间是由自己定义的。格局里反映的就是你对人生的看法与定义。思想指导行为，行为反映价值，价值形成格局，这是物与物之间的对比。

这个格局，并不是某些字典里说的"结构和格式"，而是指人生格局。格和局这两个字在 2000 年前的中文里，意思差不多，都是圈出一块地方，这块地方就是空间。所谓人生格局，就是人生的空间。每个人都有自己的人生空间，但有大有小，空间大的人相对于空间小的人活得会更滋润，得到的会更多。

所以，我们一定要突破自己的人生格局，格局太小的话就要放大。一定要觉得自己也是个很棒的人，以更高一个深度来设定人生目标，所谓的心有多大，能力就有多大。

为什么大格局很重要呢？

在日常生活中，经常会说到"局限"这个词，什么是局限呢？格局太小，就会为其所限。但我们要清楚，局限这个东西从来不是别人给你制造的麻烦和困难，而是自己跟自己斗气。因为局太小，你才跳不出去。局限局限，局小则限，局大则避限。只有一个人的人生格局足够大，追求足够高远，才能从心理上摆脱俗世的羁绊，才能在视角上摆脱狭隘，掌握全局，才能真正做到无争而争，从而有所大成。

所以说，无论你是大人物还是小人物，谁都会有局限，如果你不主动打破人生的格局，你就无法改变你的命运。因为能持大格局者，能尽人之性，尽人之性则能尽物之性，尽物之性则能参天地之化育，则物与我同一矣。这就是说，有大格局的人之所以会成功，天道人道皆相助也。

人生的格局有多大，人生的天空就有多精彩。格局太小就要学会善于突破局限。许许多多因格局太小的人，最终一事无成，甚至走向失败。话说回来，这个格局，无关财富、不论年龄，只看你的视野、你的心量、你的思想。大格局的人，拥有一种境界，能够以坚韧的毅力冲破看似难以逾越的险阻；拥有一种高度，身在最高层而不畏浮云遮望眼；拥有一种韧劲，咬定青山不放松，坚持到底。

人生大格局不是天生的，要学会放开，学会突破。一个人要怎样突破自己的格局？要抓住下面最重要的三点：

一是要以长远、发展、战略的眼光来看问题；

二是要以帮助、合作、奉献的态度来交朋友；

三是要有大局为重、不计小利的胸怀来做事。

广义上讲，人生大格局就是磊落坦荡、无私无畏和志存高远的品格；就是不为一时之利争高下，不为眼前小事论短长的气量；就是宠辱不惊，笑看庭前花开花落的风度；就是不管风吹浪打胜似闲庭信步的豪迈。

所以说，突破人生的格局很重要，它指的是要扩大自己内心的格局，去构思更大、更美的蓝图。格局有多大，事业就会有多大！

生命的开始是张白纸

　　没有人知道生命为我们预备了什么，要成长为怎样的人全凭自己后天的创造。生命的开始就像一张白纸，你可以尽情地在上面描绘你所想要的样子。也许你没有别人的先天条件好，但是这只能说明不过是起点低，要达到和别人一样甚至更高的高度，你可以更努力地跳。

　　桌上有一只储钱罐和一张白纸，储钱罐在书桌的一端，白纸平平地铺在中间，储钱罐每次看到白纸都一副鄙夷的样子。一天它终于按捺不住内心的骄傲，挺了挺装满硬币的肚子，装出一副大款的腔调说："哎呀，白纸先生，你一无所有，难道不感到空虚吗？瞧我，肚子里有钱，跟你比起来我真是太富有了。"白纸说："我并不感到空虚，正因为我现在是空白的，我的未来才有机会变得更加丰富。"储钱罐听了，露出一丝不屑的笑。

　　一会儿，主人回来了，他今天很高兴，出门时遇到多年未见的故人。两人都觉得意外之余，更多的是惊喜然后一番痛快地交流，回到家中，心中顿时感慨万分，就提起笔在白纸上写下了两行精美的字，然后裱成条幅挂在书房里，原来这家的主人是个书法家。来往的客人见了这幅书法作品，无不啧啧称赞。后来这幅书法作品成了传世珍品，进了国家博物馆成了永久的收藏品。而那只储钱罐却早就被书法家的孙子为了取硬币而给砸碎了。

在面临这两种选择的时候，没有人可以看到结局的，所以多数人还是会选择做储钱罐。做储钱罐的人，会因为自己暂时富足的状态而沾沾自喜。而选择做白纸的人，只有极其少数能像故事里的白纸那样，处之泰然。大多人只想到自己是一张白纸，一无所有空空如也的白纸。而想不到因为作为一张白纸，才有足够空余的地方，只要稍加一点东西就会变得更加丰富。一张白纸，在书法家的笔下就会成为一幅漂亮而有价值的字帖；在画家的笔下就会成为一幅丰富而多彩的画；在诗人的笔下就会成为一首脍炙人口的绝唱……然而很多人却看不清这一点，总是羡慕那些看起来像储钱罐那样的人，拥有很多，而且总是越来越富足的状况。殊不知，因为储钱罐在这种富足的状态，就不会有长远的目光，也不知道还有很多东西比它更富足也更有意义。

生命的开始是一张白纸，带着纯粹和本真，这是上天对每个人的馈赠，然而因为先天条件或者家庭背景的不同，导致很多人看不清真正的自己，有人会觉得自己出生在富裕家庭，生活已经足够安逸，完全没有奋斗的必要；有人会觉得自己天赋异禀，天资聪颖，不用像那些天生资质平平的人那样需要勤勤恳恳，兢兢业业地工作学习。然而，这样想的人，往往是因为没有看不清生命的本来价值。

把自己看作一张白纸，是带着一颗朴素的心去面对自己的人生、自己的内心，建立属于自己的精神家园。也许我们无法摆脱物质的世界，但是却能因为精神世界而活，守住那份难得的淡定，就不会让自己的内心流离失所。像故事的那张白纸，不被富裕饱足遮挡住自己的心境，知道从长远来思量自己的人生。学会享受可以做一张白纸的快乐，然后去寻找那些可以使自己丰富的东西，一点一点地填满自己，就会发现自己的人生也会如此丰富。

人生充满了太多的可能

其实和你一样——他出身卑微，却身怀远大理想。多年前，他在 1983 年版的《射雕英雄传》中扮演那个宋兵乙，为增添一点点戏份，他请求导演安排"梅超风"用两掌打死他，结果被告之"只能被一掌打死"。这个年轻时被称作"死跑龙套的"卑微小人物，第一次当着导演的面谈到演技时，在场的人无一例外都哄堂大笑。但他依然不断思索、不断向导演"进谏"。熬到 2002 年，终于成为导演的他获得了金像奖"最佳导演奖"。

其实和你一样——20 世纪 90 年代，在一趟开往西部的火车上，梳着分头、戴着近视眼镜的他看上去朝气蓬勃，内心却带有微微的彷徨。那时的他严肃乏味，常常独坐好几个小时不说话。后来转行做主持人，1998 年他第一次主持的电视节目播出时，他发现自己说的话几乎全被导演剪掉了。他让身为制片人的妻子准备了一个笔记本，把自己在主持中存在的问题一一记录下来，哪怕是最细微的毛病都不肯放过，然后逐条探讨、改正。即使今天其身价已过4亿，成为中国最具影响力的主持人，他仍未放弃面"本"思过。

其实和你一样——上学时，他是大学里的"小混混"，由于经常逃课而被老师责备。毕业后被分到当地的电信局当小职员，面对冗杂的机关工作，他感到既劳累又苦恼，后来他勇敢而果断地辞了职，然后自创网站，从而走向中国互联网浪潮的浪尖，他在2003年福布斯中国富豪榜中居第一位。

其实和你一样——多年前的他是一个防盗系统安装工程师，依他的说法，"就是跟水电工差不多的工作"，"有时候装监视系统要先挖洞，一旦想到歌词就赶快写一下！"当年的他就是这么边干活边写词，半年积累了两百多首歌词，他选出一百多首装订成册，寄了100份到各大唱片公司。"我当时估计，除掉柜台小妹、制作助理、宣传人员的莫名其妙、减半再减半地选择性传递，只有12.5份会被制作人看到吧，结果被联络的概率只有1%。"其实那1%就是100%！1997年7月7日凌晨，他正准备去做安装防盗工作，有人打电话给他，那个人叫吴宗宪，同时走运的还有另一个无名小卒——周杰伦。从他和周杰伦合作的歌从没人要到要曲不要词，慢慢地曲词都要，之后单独邀词，但还会有三四个作者一起写，直到最后指定要他的词。

可能你已经猜到他们是谁了，一个是周星驰，一个是李咏，一个是丁磊，一个是方文山。他们在成名前和你并无多大不同。不要抱怨贫富不均，生不逢时，社会不公，机会不等，制度僵化，条理繁复，伯乐难求。要知道，其实每个人都平等地享有出人头地的可能。明天，或者明年，同样会诞生像他们一样成功的人，就看是不是今天的你。

人生真的充满了太多未知的因素，有时我们会大胆地设想，期待那些好的事情就发生在自己身上了；有时我们却是想都不敢想，这样的事怎么会发生在自己身上呢？其实，有什么关系呢？

就算现在的你生活一团乱，也不知道明天会怎么样，但是，只要拒绝放弃，就会有超乎想象的可能在前方等着你。为自己的梦想而努力，尽你所能朝着你梦想的方向前进。你要相信自己，你的人生何尝不是充满了各种可能性，大胆地去追求吧，无论那是什么。

忽略种种人为附加条件

自古以来，那些伟人名士成功之前几乎都是生活在比较艰苦的环境下，反而这样的环境更能磨炼人，造就有所作为的人。

有的人一出生就是"富二代"，在襁褓之中就决定了这辈子锦衣玉食，衣食无忧；而有的人出生后，父母连孩子的温饱问题都不能保证。如果你"不幸"出生于一个贫寒、卑微的家庭，其实应该恭喜你，因为你拥有了另一种形式的"幸运"。一个生长于富裕和奢侈生活环境中的人，一个常依赖父母而不以自己的劳力挣饭吃的人，一个从小被溺爱惯坏的人，一辈子是很难具有卓越的成就的。

虽然我们都很清楚，没有人一出生便应该位于某个起点，但仍然有些人自以为是地认为，他们冥冥中就有获得好运的资格。有时这些人会祈求神灵保佑他们身居高位，好像他们生来就该娇生惯养、养尊处优，而没有其他更重要的事情需要去做。而基本上这些自以为是者，从来都不会动脑筋去想想人生的意义到底是什么。他们认为既然已经拥有足够好的环境，那又何必再去奋斗、争取呢？

曾有人问一位著名的艺术家，那个跟他学画的青年将来能否成为大画家，他十分果断地回答说："不，永远不可能！你想想，他每年都有家里给他的 6000 英镑的花费！"有人问球王贝利，他的儿子能否成为第二个贝利，贝利说："虽然他的先天条件比我要好，但他不可能成为贝利第二，因为他的条件决定了他吃不了我所吃的苦。"这位艺术家和贝利心里最为明白，一个人的本领需要从艰苦奋斗中锻炼出来。

可见，如果一个人从小生活在富裕奢侈的环境中，很难培养出艰苦奋斗的精神。难道因为他们比出身贫穷的人毅力差或者更没本事吗？当然不是，只是因为他们生来就不用努力就可以得到他们想要的东西，这对一个人来说，本算是一件值得高兴的事，但是太容易生存的环境总是让人没有奋斗的意识。在这个世界上，有一小部分人，他们拥有良好的家庭背景，有机会接受高质量的教育，又比较聪明能干，但是他们也还是获得了成功，也许因为他的家庭给他创造了一定的条件，但更多的是，他们都是把自己的家庭置身事外，把自己当作一无所有的人，然后在这个方向奋斗，最终才使自己有所成就的。

谈到天资，首先必须承认，人与人之间天资是不相同的，这是一个事实，谁也否定不掉，有那么一些人，他们得上天宠幸，从小就拥有非同凡响的天赋。

宋朝时候，有个小孩叫方仲永，他出生在贫寒的农家。在他四五岁的时候，有一天，方仲永忽然大哭，原来他是要笔墨纸砚用来写诗。父母给他借来的笔墨纸砚，方仲永提笔便写了一首不错的诗，而且还给诗题了题目。一个四五岁的孩子能写的一首好诗，大家一致认为方仲永是天才。慢慢地，方仲永的名声传开了，当地的好多富人都叫方仲永的爸爸把他带来作诗。有些人还资助方仲永，认为"你家出了神童，这是我们一方水土的荣耀，好好培养他，将来为我们这个地方争光"。而方父认为既然是天才，就没必要再去培养了。到方仲永十二三岁的时候，他的诗已经和同龄人没什么差别，到二三十岁时，他的诗歌已远远落后于同龄人。这个故事就是告诉我们，即使是个天才，也需要后天进一步培养和教育。再好的先天的条件，如不在基础上加以很好的利用以及更多的培养，也就会止步不前，甚至不如没有。

三个旅行者同时住进了一家旅店。早上出门的时候，一个旅行者带了一把伞，另一个旅行者拿了一根拐杖，第三个旅行者什么也没有拿。

晚上归来的时候，拿伞的旅行者淋得浑身是水，拿拐杖的旅行者跌得满身是伤，而第三个旅行者却安然无恙。

拿伞的旅行者说："当大雨来到的时候，我因为有了伞，就大胆地在雨中走，却不知怎么全身都淋湿了；当我走在泥泞坎坷的路上时，因为没有拐杖，所以走得非常仔细，专拣平稳的地方走，以至于就没摔伤。"

拿拐杖地说："当大雨来临的时候，我因为没有带雨伞，便拣能躲雨的地方走，所以没有淋湿；当我走在泥泞坎坷的路上时，我便用拐杖拄着走，却不知为什么常常跌跤。"

第三个旅行者听后笑笑，说："这就是为什么你们拿伞的淋湿了，拿拐杖的跌伤了，而我却安然无恙的原因。当大雨来时我躲着走，当路不好时我细心地走，所以我没有淋湿也没有跌伤，你们的失误就在于你们有凭借的优势，认为有了优势便少了忧患。"

前面两个旅行者都仗着自己有可以依靠的东西，在前行的途中就对可以阻挡的东西无所顾忌，结果一路走得跌跌撞撞，而第三个旅行者知道自己没有任何可以依靠的东西，所以一路走得小心翼翼，反倒比前面两个有所依靠的旅行者走得稳妥。

许多时候，我们不是跌倒在自己的缺陷上，而是跌倒在自己的优势上，因为缺陷常能给我们以提醒，而优势却常常使我们忘乎所以。

一个人总是很容易依赖于自身所拥有的优势而失去忧患意识。其实很多时候，我们的进步更多的是因为忧患意识的存在。忧患的意识让我们可以减少危险的发生率。再看看现实生活中的一些例子，我们是不是常常因为拥有了某些东西，而总是不去在意与那些东西相关的危险吗？

有时候拥有并不意味着是好事，也许会是一种负累或者阻碍，正如"恃宠而骄"所言，人们因为有所"恃"而变容易骄傲，目空一切，不会脚踏实地去看去想，这样又怎么能不失败呢？

别太在意眼前是得失

一棵苹果树终于开花结果了，它非常兴奋。

第一年，它结了 10 个苹果，9 个被动物摘走，自己得到 1 个。对此，苹果树愤愤不平，于是自断经脉，拒绝成长。

第二年，它结了 5 个苹果，4 个被动物摘走，自己得到 1 个。"哈哈，去年我得到了 10%，今年得到 20%！翻了一番。"这棵苹果树心理平衡了。

而它旁边的梨子树，第一年也结了 10 个苹果，9 个被摘走，自己得到 1 个。他继续成长，第二年结了 100 个果子。因为长高大了一些，所以动物们没那么好采摘了，它被摘走 80 个，自己得到 20 个。与苹果树同样从 10% 到 20%，但果子的数目相差 20 倍。

第三年，梨子树很可能结 1000 个果子……

其实，再成长过程中得到多少果子不是最重要的，最重要的是树在成长！等果树长成参天大树的时候，你自然就会得到更多。

其实，人也如同一株成长中的果树。刚开始参加工作的时候，你才华横溢，意气风发，相信"天生我才必有用"。但现实很快敲了你几个闷棍，或许，你为单位做了大贡献没人重视；或许，只得到口头重视但却得不到实惠；或许……总之，你觉得就像那棵苹果树，结出的果子自己只享受到了很小一部分，看起来很不公平。

为什么付出没有回报？为什么……？你愤怒、你懊恼、你牢骚满腹……最终，你决定不再那么努力，让自己的所付出的对应自己所得到的。

不久之后，你发现自己这样做真的很聪明。自己安逸省事了很多，得到的并不比以前少。你不再愤愤不平了，与此同时，曾经的激情和才华也在慢慢消退。你已经停止成长了。而停止成长的人，还有什么前途、盼头呢？

这样的令人惋惜的故事，在我们身边比比皆是。之所以演变成这样，是因为那些人忘记生命是一个历程，是一个整体。总觉得自己已经成长过了，现在是到该结果子收获的时候了。他们因太太在意眼前的结果，而忘记了成长才是最重要的。

有一个个年轻人在一家外贸公司工作了1年，而且苦活累活都是他干，工资却是拿最低。他曾试探性地与老板谈了待遇问，但老板没有任何给他涨工资的迹象。

这个年轻人本来想混日子过算了，同时骑驴找马另寻他路。当年轻人把自己的想法告诉了一个年长的朋友，他的朋友建议他："出去试试也不错，不过，你最好利用现在这个公司作为锻炼自己的平台，从现在开始努力工作与学习，把有关外贸大小事务尽快熟悉与掌握。等你成了一个多面手与能人之后，跳槽时不就有了和新公司讨价还价的本钱了吗？"

年轻人想想朋友的建议也有道理。利用这样一个有工资得的学习场所，也是不错。

又是一年后，朋友再次见到了这位昔日不得志的年轻人。一阵寒暄过后，问年轻人："现在学得怎么样？可以跳槽了吧？"年轻人兴奋中夹杂着一丝不好意思，回答道："自从听了你的建议后，我一直在努力地学习和工作，只是现在我不想离开公司了。因为最近半年来，老板给我又是升职，又是加薪，还经常表扬我。"

——看看，这就是一个"成长"的人的收获。你长得越壮越大，别人就越不敢怠慢你。退一步说，即使被怠慢了，你一身好武艺，何愁没前途？

摆脱命运设定的樊篱

命运为每个人准备了锦绣前程，赋予了每个人追求它的权力，同时也赋予了每个人不同的出身、不同的成长背景和不同的人生经历，以及必然经历的坎坷与磨难。既然如此，人最初所有的一切都不是决定成功的关键因素，唯有一个人对自己生命的态度最终决定了一个人所能到达的高度。因此无论身处何种境地，只要充分运用命运赋予的权力，努力前行，终有一日会摆脱命运设定的樊篱，走出艰难境遇，获得惊人成就。

荣誉不是出身造就的，而是努力的结果造就的。我们不能因为出身的劣势，而放弃对美好未来的憧憬。我们没有选择出身的权利，但是，我们有选择走什么样的道路、让自己人生更有价值的权利。卑微的出身不能说明任何问题，不能代表一切：它培养了我们百折不挠的韧性，让我们更有更强烈的理想和抱负，给我们带来激励和勇气。所以，如果你出身卑微，不必在意，那正是上天对你的恩赐；如果你正因为出身卑微而轻视自己，那么，请记住泰戈尔那令人振奋的话语："宇宙间的一切光芒，都是你的亲人"。不怕起点低，就怕境界低。

一位父亲为了教育因为家境贫寒而深感自卑的儿子，带他去参观梵高的故居。在看过粗糙的小木床及裂了口的皮鞋之后，儿子困惑地问父亲："梵高不是个富翁吗？"父亲答："梵高是个连老婆都没娶上的穷人。"

几个月以后，这位父亲带儿子去丹麦，在安徒生再普通不过的故居前，儿子又不解地问："爸爸，安徒生不是生活在皇宫里吗？"父亲答："安徒生是一个穷苦鞋匠的儿子，他们一家就生活在这栋阁楼里。"这位父亲是一个水手，他常年奔波于大西洋各个港口。儿子叫伊尔·布拉格，后来成为美国历史上第一位荣获普利策新闻奖的黑人记者。

多年后，伊尔·布拉格回忆起童年的时光时，动情地说："那时我家很穷，父母都是靠出卖苦力为生的劳动人民。有很长一段时间，我一直认为像我这样地位卑微的黑人是不可能有什么出息的。我感到自己的世界一片灰色，毫无希望。好在父亲让我认识到梵高和安徒生的出身都是很卑微的。他们的例子告诉我，卑微的出身并不能影响以后的成功。"

我们总是说有什么样的环境就会造就什么样的人生，影响我们人生的真的只是环境吗？其实，面对人生逆境或困境时所持的态度，远比任何事都来得重要。

很多时候，是出身卑微的人自己看低了自己。人的相貌、家境等先天条件是无法改变的，但至少内心状态、精神意志完全是自己控制的。

小小亭长出身的刘邦可以指点江山，和尚出身的朱元璋也可以统率三军。成功从来都不会区分出身的高低。所以，出身卑微的你，也可以实现非凡的梦想，成就辉煌的人生。而这些的关键在于，你对自己的人生的态度是积极向上，愿意付出你的努力活出自己的人生，而不是拘泥在现实环境中。

事实上，贫穷不仅不会导致不幸和痛苦，人们通过吃苦耐劳、坚韧不拔地拼搏，可以将生活中的这些不幸和痛苦转化为另一种财富，因为它能唤起一个人奋发向上、勇敢战斗的激情。在这个奋斗的过程中，某些意志薄弱者也许会甘于现状，用萎靡不振的堕落来逃避当下不如意的境况，获得心灵片刻的安逸。但那些意志坚强和乐观向上的人反而会从中获取进取的力量、信心和胜利。

培根说得好："人类没有很好地理解他们的财富，也没有很好地理解他们的力量：对于前者，人们竟把它信奉为无所不能的东西；对于后者，人们又太不把它当一回事，对自己的力量太缺乏信心。自力更生和自我挑战将教会一个人从他自身力量的源泉中吸取能量，用自己的力量换取甜蜜的面包，学会用劳动保障自己的生活，并认真地扩展服务于自己职责的美好事物。"

　　财富对只图享乐和甘于放纵的人来说是一个巨大的诱惑，尤其是对那些被欲望蒙蔽双眼看不清事实的人来说更是如此。因此，当那些出身富贵家庭的人仍然能够勤俭节约、努力工作时，这是一件多么值得庆幸和高兴的事情啊！

　　积极的态度加上聪明的大脑和勤劳的双手才是人们富裕的保障。即使一个人生于名流显贵之家，他要获得稳固的社会地位，也必须靠持之以恒的实干才能达成。可以这样说，富贵和安逸对一个想追求高素养的人来说并非不可或缺的东西，那些出身低微的人在任何时代也未必就一定会给这个世界增添负担。安逸和富足奢华的生活环境无法训练出艰苦奋斗和敢于直面艰难险阻的人，也不会让人们意识到自己的才能，而没有这种意识的人，很难在生活中有一番作为和惊人的成就。

你最大的敌人是自己

　　在生活的道路上，我们总会遇到各种各样令人烦恼的事情和不计其数的对手。于是，我们开始绞尽脑汁地想着与这些对手较量。在这些较量中，有些人成了我们的朋友，有些人成了我们的"敌人"。然而在不知不觉中，我们总是忽略那个自己最大的"敌人"——自己。

　　其实，自己才是自己最大的"敌人"。我们只有用积极的态度不断地肯定自己，才能在一次次感受失败的苦涩后战胜自己、超越自己，从而使生命在行走的年轮中感受激情，感受成功，感受自己那穿透灵魂的微笑。

驯鹿和狼之间存在着一种非常独特的关系，它们在同一个地方出生，又一同奔跑在自然环境极为恶劣的旷野上。大多数时候，它们相安无事地在同一个地方活动，狼不骚扰鹿群，驯鹿也不害怕狼。

而在这看似和平安闲的时候，狼会突然向鹿群发动袭击。驯鹿惊愕而迅速地逃窜，同时又聚成一群以确保安全。

狼群早已盯准了目标，在这追和逃的游戏里，会有一只狼冷不防地从斜刺里窜出，以迅雷不及掩耳之势抓破一只驯鹿的腿。

游戏结束了，没有一只驯鹿牺牲，狼也没有得到一点食物。

第二天，同样的一幕再次上演，依然从斜刺里冲出一只狼，依然抓伤那只已经受伤的驯鹿。

每次都是不同的狼从不同的地方窜出来做猎手，攻击的却只是那同一只鹿。可怜的驯鹿

旧伤未愈又添新伤，逐渐丧失大量的血和力气，更为严重的是它逐渐丧失了反抗的意志。当它越来越虚弱，已不会对狼构成威胁时，狼便群起而攻之，美美地饱餐一顿。

其实，狼是无法对驯鹿构成威胁的，因为身材高大的驯鹿可以一蹄把身材矮小的狼踢死或踢伤，可为什么到最后驯鹿却成了狼的腹中之食呢？

狼是绝顶聪明的，它一次次抓伤同一只驯鹿，让那只驯鹿一次次被失败打击得信心全无，到最后它完全崩溃了，完全忘

了自己还有反抗的能力。最后，当狼群攻击它时，它放弃了抵抗。

所以，真正打败驯鹿的是它自己，它的敌人不是凶残的狼，而是自己脆弱的心灵。同样的道理，要让自己强大起来，唯一的方法就是挑战自己，战胜自己，超越自己。

一个年轻人想下海创业，但是又舍不得放弃安逸的工作，想来想去拿不定主意，于是就去请教一位智者。智者并没有告诉他如何选择，只是给他讲了个故事：

有一个乡下老人在山里打柴时，带回一只怪鸟给小孙子玩耍。后来发现那只怪鸟竟是一只鹰，人们担心鹰再长大一些会吃鸡，一致强烈要求：要么杀了那只鹰；要么将它放生，让它永远也别回来。

这一家人却舍不得杀它，于是决定将鹰放走，让它回归大自然。

许多办法试过了都不奏效。最后他们终于明白：原来鹰是眷恋它从小长大的家园。

后来村里的一位老人说："把鹰交给我吧，我会让它重返蓝天，永远不再回来。"老人将鹰带到附近一个最陡峭的悬崖绝壁旁，然后将鹰狠狠地向悬崖下的深涧扔去。那只鹰开始也如石头般向下坠去，然而快要到涧底时，它只轻轻展开双翅就稳稳托住了身体，开始缓缓滑翔，然后它只轻轻拍了拍翅膀，就飞向蔚蓝的天空。它越飞越高，越飞越远，再也没有回来。

年轻人听完故事后，默然不语。过了一个月后，他的新公司开业，通过努力，年轻人很快就成为当地有名的企业家。

和老鹰一样，人最大的敌人就是自己。世界上其他敌人都容易战胜，唯独自己是最难战胜的。鹰如果贪恋安逸的生活，那么它永远只是一只生活在鸡群中的"鹰"。老鹰挑战自己才能展翅高飞，人只有把自己带到悬崖，挑战自己，才能一鸣惊人。

越是不可能的事，就越能给我们以宝贵的东西。可以输给别人，但不能输给自己。

法国有一位著名的心理学家，叫作伊尔·索尔芒，调查了全世界的十八个贫困的国家，得出来结论是：人类最大的敌人不是灾祸，不是瘟疫，不是令人憎恨的战争，人类最大的敌人就是自己。自己的懦弱，自己的虚荣，自己的恐惧。自己都不相信自己的时候，你就什么都完了！

所以，"相信自己"很重要。一个人相信自己，相信世界很美好的时候，他所见到的人都会很友善，世界也会美好。一个人不相信自己，怀疑一切的时候，他周围的人就都很狰狞，世界也一片黑暗。

信念是一种心理状态，可以通过自我暗示培养起来。如果通过反复不断地确认，觉得你相信自己会得到自己想要的东西，然后传递到潜意识思维里面去，它就会带来这样的成功，因为它的主要任务就是要让你实现自己想得到的人生目标。它看不到任何障碍，也没有任何限制。它只做潜意识思维让它去做的事情。

路要越走越宽

这么一个实验：往一杯清水里加食盐，开始的时候，食盐快速溶化，甚至很快就肉眼不可见，跟一切都没有发生过一样。但是，如果你一直往里面加食盐，终于有一个时候，食盐不再被水所接纳，这种现象，我们或者直观地认为水里已经装满了东西，不再能接纳任何事物了。但是，奇怪的是，假使你往里面加糖，却可以继续溶解，但是当糖溶解一定程度后，也不再溶解了。

这个实验好比我们的人生，我们的生命正如这一杯水，我们不能改变时间的长度，每个人都有生老病死，在劫难逃，正如杯子的大小决定了水的多少，这是我们不能改变的。但是，我们却可以改变人生的宽度和厚度，正如当食盐也不再溶于水的时候，糖却可以继续溶于水，我们对自己的设限其实很多时候只是我们以为的宽度。

如果说生命的长度一定，那么，生命的体积就完全取决你其宽度和厚度了，比如两只青蛙，一只在井底，一只在田野，虽然他们都以昆虫为食，与水为伴，但是他们生命的宽度就是迥异的，坐在井里那位先生对天空的认识大概只有桌子那么大的一个圆，而他的世界也局狭在那一口深井中。如果他说这世界就这么大，有谁能责怪他吗？而生活在田野的那位先生，他能看到无边无际的天空，能看到高山远树，丘陵平原，甚至他还可以去江河里游泳，那么他的生命这宽阔自然与井底那位不可同日而语。

世界上还有这么两种人，一种很薄很宽，但是却一点厚度精度也没有，正如人们常常形容的"样样通，样样瘟"，就是什么都会一点，什么都不精。这种人很宽广，但是却失于肤浅，所以我们在提拓展人生的宽度的时候，绝不是把以完全牺牲厚度为代价；而另一种人呢，他们很专很精，心无旁骛，在工作外的其他方面表现得非常低能。一种典型的形象就是很糊涂的科学家们。这类人专而精，甚至伟大，或许他事业上的贡献是无可匹敌的，但是人生的成就并不大。正如陈景润一样，他能攻打"哥德巴赫猜想"的堡垒，却几乎是个生活白痴。所以，这类天才似的人物，其生命的厚度和精度是让人难以企及的，但是，由于生命过于狭窄，因此，其生命的质量并不高。这两类人离幸福都有一定距离。

如果一个人只有宽度而没有厚度精度，或者只有厚度而没有宽度，那么，他取得的成就就不会太大。也更加难以适应社会，而相对来说，各方面均衡一些人总会在人生的海洋中游得更加畅快一些。历史上的确有许多天才类的人物，但是，他们的短板使他们毕生都壮志未酬，固然留下许多佳话，但是对于主人公自身，却是一出道不得的悲剧。

李白少年即有奇志，他的诗也非常豪迈，在他的诗中常常有"长风破浪会有时，直挂云帆济沧海"的壮志流露，但是，却由于他自身放荡不羁的缺点，终于做了一个民间的流浪诗人，而与他朝思暮想的建功立业相去甚远。

一天，渤海国使者呈入番书，文字非草非隶非篆，迹异形奇体变，满朝大臣，均不能识。玄宗怒道："堂堂天朝，济济多官，如何一纸番书，竟无人能识其一字！不知书中是何言语，怎生批答？可不被小邦耻笑耶！"众皆汗颜，正为难间，玄宗想到李白，即召入宫，李白却识得番文，宣诵如流。玄宗大悦，即命李白亦用番字草一副诏。李白欲借此机会奚落高力士，乞请高力士为他脱靴。玄宗笑诺，遂传入高力士。高力士一直是玄宗身边最亲近之人，官封冠军大将军、右监门卫大将军，渤海郡公，权势熏天，怎肯受此窘辱，只因玄宗有旨，不便违慢，没奈何忍气吞声，遵旨而行。李白非常欣慰，遂草就答书，遣归番使。

高力士对此事一直耿耿于怀，但李白正受玄宗所宠，他不好直接在玄宗面前诋毁李白，继而转向贵妃。一天，高力士与贵妃谈及诗歌，劝贵妃废去清平调。贵妃道："太白清才，当代无二，奈何将他诗废去？"高力士冷笑道："他把飞燕比拟娘娘，试想飞燕当日，所为何事？乃敢援引比附，究是何意？"贵妃立时变色。原来唐代妇女以丰满为美，贵妃亦不例外，而汉代妇女自皇后赵飞燕始，以纤瘦为美，汉成帝生怕大风把赵飞燕吹走，还专为她建了一座七宝避风台。玄宗尝戏语贵妃道："似汝当便不畏风，任吹多少，也属无妨。"贵妃知玄宗有意讥嘲，未免介意。女人心胸狭窄，贵妃受高力士挑拨，认为李白作诗嘲讽自己体形偏胖，不由得忌恨起李白来。

自此贵妃入侍玄宗，屡说李白纵酒狂歌，失人臣礼。玄宗虽极爱李白，奈为贵妃所厌，也只得与他疏远，不复召入。李白知为高力士报复，亦对李林甫把持的朝廷失去信心，天宝三载，李白恳求还归故里。玄宗赐金放还，李白遂又浪迹四方去了。

历史上像李白这样怀才不遇的人不少，他们往往在某一方面有着惊人的造诣，却也往往有种惊人的性格缺陷，不妨设想一下，以李白之才，倘若具有一点官场人的处世智慧，又以唐明皇对他的宠爱，做一任宰相，实现他的政治抱负也不是不可能的事。但是，我们的天才李白在处世的时候太天真，因此，历史上多了一位伟大的诗人，却少了一位卓越的政治家。

对于人生的筹划，其长度是不由我们自己控制的，但是对于人生的宽度和厚道就该相辅相成，不可偏废。当生命以时间为维度向前流淌的时候，其宽度和厚度应该由我们逐渐拓宽掘深，这样，我们的价值才有可能最大限度地体现出来，离幸福也就越近。

第二章　大格局需要大视野

会当凌绝顶，一览众山小。不同的视野，会有不一样的格局与见识。

每一个人都是在自己的视野范围内做判断。如果和井底之蛙说，天不是井口大小，它肯定认为你是个骗子，因为它看到的天就是井口大小。它的视野决定了它的格局。

眼界决定境界

我国古代哲学家庄子是一个善于用生动的故事来讲清道理的哲人，他曾经讲过一个这样的故事：

在宋国，有一家人以漂布为生，因为冬天里漂布要接触冷水，所以漂布人在冬天里工作很辛苦。这家人的祖上在长期的工作实践中，总结出一个秘方，冬天涂在手上能够令人的手不生冻疮，皮肤不会皲裂。正是这个祖传秘方，使这家人世世代代平安地经营着漂布生意。有路人听说这家人有此秘方，提出用 100 两金子来买他们的秘方。100 两金子在那时可是一笔巨款，漂布人家当然难以拒绝，买卖因此得以成交。路人买到了秘方后，拿着秘方去南方求见吴王。吴越地处沿海，守卫国土主要靠水兵。而水兵因为长期与水打交道，在冬天也容易因生冻疮而影响战斗力。吴王听说来者有此秘方，大喜，让其做了吴国的水兵统帅，替吴国练兵。到了冬天，吴越两国发生了水战，吴国的水兵涂了不皲之药，不怕冷，不生冻疮，结果打败了越国，此人因之立了大功，割地封侯。

同样一个不生冻疮、不皲手的药方，有的人用来封侯拜将，而守着这个方子的那家人却世世代代给人家漂布。由此看来，同样一个东西，人的聪明才智不同，用法不同，效果就有天壤之别。所以任何思想，任何方法，不是有没有用，而在于用还是不用以及会用不会用。会用，就能求名得名，求利得利；不会用，那就只有站在河边空叹了。

一个人的眼界，决定了他成就的境界。目力所及的地方，是他成就的极限。

所谓眼界，是指人的见识广度；所谓境界，是指人的思想、情操所达到的程度或层次。站得高才能看得远，看得远才能做得好。眼界越宽广，境界越高，这就是眼界决定境界。

眼界宽，博采众家之长，就能补己之短，能以人之"鉴"，长己之"智"，亦能知己知彼，百战不殆。眼界窄，闭门造车，不但学不到新东西，还易增长骄惰之气，失却良好的机遇，落后于他人。

不审天下之势，难应天下之务。宽广深远的眼界，使人更善于捕捉、发现新的发展趋势，勇立时代的潮头。今天的科学技术和生产工艺更新的速度不再以年代计算，只有睁大双眼，时刻关注，跟踪把握，才能认清发展的趋势，拿出相应的对策，与时代同步。有了开阔的眼界，就意味着把握住了发展进步的先机。所谓的"欲穷千里目，更上一层楼"就是这个道理。

哲学家冯友兰在《新原人》一书中曾说，人一生有四种境界：自然境界，功利境界，道德境界，天地境界。此四种境界的高低取决于人的素养高低，说白了，就是眼界宽窄。眼界宽，他做事就不会只是顺着他的本能或其所在社会的风俗习惯，就不会只为自己去做各种事，而是所做的都是符合严格的道德标准的有道德行为，并且他了解他所做的事的意义，自觉地去做他所做的事。

格局定结局

高明的棋手，能以长远的目光来纵观全局棋势，能看出后面许多步棋的走法。当然，"棋艺"的高明不是天生的，而是靠后天辛勤的练习、观察和思考培养出来的。那些走一步算一步、只看眼前利益的人，若不懂得拓宽与拓深自己的视野，很难在市场经济的浪潮中获得理想的回报。

宽广深远的眼界，使人更善于捕捉、发现新的发展趋势，勇立时代的潮头。即使是平常之中也可能有机会的影子，能否发现要看是否用了眼力与心力。

当秦公子异人在赵国作为人质时，没有人发现他身上蕴藏的巨大机会。吕不韦发现了。于是，吕不韦做了一单令人叹为观止的"货人"大买卖，完成了从商人到秦国相国的飞跃。

古人云：人无远虑，必有近忧。远虑来自何处？来自于远见。一个只知道看一步走一步的棋手，休想在棋盘上称强。在人生的棋盘上，成大事者从来都是看数步走一步，未雨绸缪。

当安陵君在楚国尽享荣华富贵时，一个叫江乙的人看出了安陵君风光背后的灾祸隐患。

江乙对安陵君说："您对楚国没有丝毫的功劳，也没有骨肉之亲可以依靠，却身居高位，享受厚禄，人民见到您，没有不整饰衣服，理好帽子，毕恭毕敬向您行礼的，这是为什么呢？"安陵君回答说："这不过是因为楚王过于看重我罢了；不然，我不可能得到这种地位。"江乙说："用金钱与别人结交，当金钱用完了，交情也就断绝了；用美色与别人交往，当美色衰退了，爱情也就改变了。所以，爱妾床上的席子还没有皱纹，就被遗弃了；宠臣的马车还没有用坏，就被罢黜了；您现在尽享楚国的权势，可自己并没有能与楚王结成深交的东西，我非常为您担忧。"

江乙可谓目光如炬，能从繁花似锦中看到巨大的隐患。只有先看到事物发展的趋势，才能提前采、取应对措施，将好事收入囊中，将坏事规避或转变成好事。

眼光不仅要看得远，还应该看得深。平常人认为的平常之事，成大事者往往能看到平常外表下的本质。

建宁王李琰是唐肃宗的儿子。此子文武双全，深得肃宗的喜欢和军中将士的爱戴。有一回唐军东征，肃宗觉得李琰是兵马大元帅的理想人选，有意让李琰来担任兵马大元帅。

丞相李泌知道后，对肃宗说："建宁王确实很有才能，从文从武上说，这次东征的元帅当非他莫属，但是有件事您不要忘了，他还有一个哥哥广平王在呢。您把全国的主要兵力都由建宁王带走，他又有很高的名望，那广平王会很不舒服的。如果此次东征失利，那也罢了，如果大获全胜，凯旋而归，建宁王和广平王谁轻谁重，天下人都会了然于胸了。"

肃宗摆手道，"先生大可不必为此担心，广平王乃是我的第一皇子，将来立太子继承帝位是一定的，他不会将一个元帅的位置看得很重的。"

李泌回答："皇上所言极是，可目前广平王尚未被立为太子，外人也都不知道您的想法。再说，难道只有长子才能立为太子吗？在太子未立之时，元帅之位就为万人所瞩目。在世人眼中，也就是谁当了元帅，谁就最有可能成为太子。假如建宁王当了元帅并在东征中立大功，到了那时，陛下您即使不想让他当太子，建宁王自己也不想当太子，可是，那些随他建功立业的将士们难免会蛊惑他登位？特别是您的封赏若稍有差池，他们更有可能借机实行兵变，拥立建宁王为太子，到时形势所逼，建宁王怎能推却？我朝初年的太宗皇帝和太上皇帝玄宗的例子，不就是前车之鉴吗？"

李泌的一席话，使肃宗恍然大悟，于是下令任广平王为天下兵马大元帅，挂印东征。

身为丞相的李泌，通过唐初的玄武门事件，很快洞悉到如果任命建宁王为兵马大元帅，将来极可能会引起宫廷政变。他超强的洞察力使得一场潜在的纷争消弭于无形。

眼光决定未来

每一波潮汐，都是大自然有形的呼吸。在潮起潮落之间，或许就孕育了一场生命的大躁动，完成一次历史的大跨越。人们常说："时势造英雄"，晚清巨贾胡雪岩则说："做生意，把握时势大局是头等大事。"没有相应的社会环境气候，就没有英雄成长的土壤和其他条件，真正的英雄必须学会驾驭时局，胡雪岩就是这样善于驾驭时势大局的顶尖人物。而要善于驾驭时势大局，前提是对局势的敏锐察觉。

20多年前，当30岁的贝佐斯上网浏览时，发现了这么一个数字，互联网就已经把一个大好机会拱手交给了贝佐斯。这个神奇的数字就是：互联网使用人数每年以2300%的速度在增长。就在这一刻，贝佐斯明白了自己的使命，开发网上资源，创立自己的网上王国——亚马逊公司。他离开了华尔街收入丰厚的工作，决定自己打拼。20多年后的今天，贝佐斯的亚马逊网上书店市值高达万亿美元，可谓真正的"富可敌国"。贝佐斯的成功，无非是看准了互联网使用人数急剧攀升的"势"，在这个势头下，他自然能顺风顺水地赚钱。

有一天走在街上，你会突然发现在人群中开始流行某种你认为款式陈旧的衣服；或者走进酒吧，听到某句你听不明白的口头语；或者在公司里发觉人人都在玩某种你不懂的玩意儿。以上情况，似乎都像是"突然间"流行起来，而且有蔓延的趋势，一刹那人人都为之着迷，争相仿效。其实这只是社会趋势的一个模式，开始时，具有隐而不显的特质，一般人不易察觉，但触觉敏锐的人则能从中窥见其端倪。有些社会趋势，甚至会影响某些行业的盛衰。

例如，许多年前流行过的呼啦圈，"非典"过后在全国各地又异常火爆地流行起来。在"非典"令许多商家欲哭无泪、束手无策的时候，有眼光的商家却在盘算利用"非典"光明正大的发财。他们掌握了"非典"过后必然的健身热，将呼啦圈这一大众化的健身器材再次推出，结果造成的流行热度居高不下，令商家大赚一把。

美国企业家协会主席说过一句话："成功企业家的共同特点，首先在于他们都有正确的判断力。"这个"正确的判断力"，可能就是人们通常说的"眼光"吧。这里面包括战略眼光、政治眼光、科学眼光、商业眼光、艺术眼光……总之，古今中外的一切事都可以同"眼光"联系起来。我们赞美一个人，通常说他"高瞻远瞩"；批评一个人，则说他"鼠目寸光"，这都是在用"眼光"作为评判人物的最高标准。

谋事先要谋势

在我们的日常工作与生活中，常常面临诸如"形势喜人"或"大势已去"之类的局面。形势喜人时，顺风顺水，百事易成；大势已时，举步维艰，处处掣肘。"势"对于事情的成败乃至人生的得失，起着至关重要的作用。

"势"作为一个概念，最早出现在春秋末期的《孙子兵法》中。在《孙子．势篇》中对"势"的阐述有："激水之疾，至于漂石者，势也。"这段话的意思是：湍急的流水迅猛地奔流，以致能把巨石冲走，这是因为它的流速飞快形成的势。又云："故善战人之势，如转圆石于千仞之山者，势也。"孙子认为，就像将圆石从万丈高山上推滚下来那样，就是所谓的"势"。由此我们不难看出，孙子所谓的"势"，是指形势、态势、气势等，是一种不可抗拒的趋势。

故善战者，求之于势也——这是睿智的孙子给我们留下的谆谆教诲。势成则乘势而上，势不可挡，事半功倍；势败势如山倒，大势已去，事倍功半。总之，势是一个立体的环境，而事是处于这个环境中的某一个点而已。

古人云：善弈者谋势，不善弈者谋子。下棋如此，经营人生又何尝不是如此？有些人看着不显山露水，数年之后却好运连连、功成名就；而更多的人虽忙忙碌碌、东奔西跑，却一直没有出头的日子。这其中的差别无非在于：前者重"谋势"，而后者谋的只是"事"。谋势者，善于明势、造势、乘势、因势、借势、蓄势，力之所至，势如破竹；谋事者则拘泥于琐事，难免"一叶障目，不见泰山"，得到的眼前的微利，却可能损失了将来的厚报。

孟子在《孟子·公孙丑上·第一章》引齐人之言说："虽有智慧，不如乘势；虽有镃基，不如待时。"

天下潮流，浩浩荡荡，顺势者昌，逆势者亡，唯有谋势者才能站得高，看得远，高屋建瓴，纵横捭阖。不谋势或不善谋势，必然招致衰落和灭亡。大到国家，小到企业、个人，都适用这一规则。晚清的统治者，因为陶醉在"我大清"的虚幻骄傲与无知中，无视国外的先进制度以及科学技术，对外闭关自守，对内愚弄百姓，不知顺应局势自我变革，在逆势而行的历史潮流中涂抹了中华民族最为惨痛的一页历史，教训十分惨重。今天我们做工作、办事情也是这样，正确把握"势"就能够事半功倍，达到预期的目的；与"势"不符，轻则事倍功半，重则贻误时机。武侯祠中有一楹联曰："不审势即宽严皆误后来治蜀要深思"，就是这个意思。认清形势、总揽全局，说到底就是要有一种谋势的意识、谋势的眼光、谋势的水平。

历史的车轮滚滚向前，社会的趋势也是日益自由开放，技术的更新日新月异。这些都是"大势"。一个人要想成事，

格局定结局

先要看清大势，一切有违大势的行为，不管你如何强硬，终会被大势轻而易举地碾碎。这是个人认识的渺小之所在。

所以，在袁世凯称帝的那一刻起，便注定他所谓的"帝业"是短命的。我们可以想象：如果袁氏不是在内外交患中一命呜呼地跌下龙椅，也必然会很快地在内外交患的斗争中被赶下龙椅。一切独裁者，终归不会有好的下场；一切有违天下大势的行为，结局无一不是以悲惨闭幕。

隋唐时期，魏公李密被王世充击败后，投奔了唐高祖李渊。他对部下说："我曾带兵百万而归唐，主上肯定会给我安排要职的。"可是，李密归唐后，李渊只是任命他为光禄卿、上柱国，封他为邢国公，都是些虚职，与他的期望相去甚远，使他大失所望。朝中很多大臣对李密表示轻视，一些掌权的人还向他索贿，也使他内心烦躁不满。自视甚高的李密怎么能忍受这种境遇呢，他的理想是当王，可是在人手底下，这怎么可能呢？

李密的忠实部下王伯当和李密谈及归唐后的感觉时，也颇有同感。他对李密说："天下之事仍在魏公的掌握之中。东海公在黎阳，襄阳公在罗口，而河南兵马屈指可数。魏公不可以长久待在这里。"王伯当的话正中李密之意，李密便想出了一个离开长安的计策。

这天，李密向李渊献策说："山东的兵马都是臣的旧部，请让臣去招抚他们，以讨伐东都的王世充。"李渊立即批准了李密的请求。

许多大臣劝李渊说："李密这个狡猾而好反复，陛下派他

去山东，犹如放虎归山一样，他肯定会割据一方，不会回来
了。"李渊笑着回答道："李密即使叛离，也不值得我们可惜。
他和王世充水火不容，他们两方争斗，我们正好可以坐收其
利。"李密请求让过去的宠臣贾闰甫和他同行，李渊不仅一口
答应，还任命王伯当作李密的副手。

临行时，李渊设宴送行，他和李密等人传喝一杯酒，李渊
说："我们同饮这杯酒，表明我们同一条心。有人不让你们去
山东，朕真心待你们，相信你们不会辜负朕的一番心意。"

公元 618 年 12 月，李渊让李密带领手下的一半人马出关，
长史张宝德也在出征人员的名单中。他察觉到了李密的反意，
怕李密逃亡会连累自己，便秘密上书李渊，说李密一定会反
叛。李渊收到张宝德的奏章，才改变了自己的想法，后悔让李
密出关。但他又怕惊动李密，便马上派使者传他的命令，让李
密的部下慢慢行进，李密单骑回朝受命。

李密对手下的贾闰甫说："主上曾说有人不让我去山东，
看来这话起了作用。我如果回去，肯定被杀，与其被杀掉，不
如进攻桃林县，夺取那里的粮草和兵马，再向北渡过黄河。如
果我们能够到达黎阳，和徐世劫会合，大事肯定成功。"

贾闰甫说："主上待明公甚厚，明公既然已经归顺大唐，
为什么又生异心呢？退一步说，即使我们攻下了桃林，又能成
什么气候呢？依我看，明公应该返回长安，表明本来就毫无异
心，流言自然就不起作用了。如果还想去山东的话，不妨从长
计议，再找机会。"

李密听了贾闰甫的话觉得不顺耳，生气地说："朝廷不给

我割地封王，我难以忍受。主上据关中，山东就是我的。上天所赐，怎能不取，反而拱手让人？贾公你一直是我的心腹，现在怎么不我和我条心了呢？"

贾闰甫流着眼泪回答道："明公杀了司徒翟让，山东人都认为明公忘恩负义，谁还愿意把军队交给明公呢？我若非蒙受明公的厚恩，怎么肯如此直言不讳呢？只要明公安然无恙，我死而无憾！"李密听了怒气冲天，举刀就砍向贾闰甫。王伯当等人苦苦劝谏，李密才住了手。贾闰甫侥幸不死，就逃到熊州去了。

王伯当这时也觉得大势已去，劝李密作罢，李密仍然不听。王伯当于是说："义士的志向是不会因为存亡而改变的，明公一定要起兵反唐，我将和明公同生共死，不过恐怕只能是徒劳无益而已。"

于是，李密杀了朝廷的使者，第二天清晨，夺取了桃林县城。李渊知道后，派军队进击李密。在熊耳山，李密遭到伏击，他和王伯当都在混战中被杀死。

李密终究是个野心家，他本来是跟随杨玄感反隋的，后来兵败才投奔了翟让的瓦岗军。为了取得瓦岗军的领导权，他又设计杀了翟让，大权独揽，拥兵百万。与洛阳的王世充作战失利后，李密带了两万多人归顺李渊，他的手下都甘当人臣，安心地为唐朝做事。可他却不甘心，因为他自视甚高，觉得自己有王者气势。而且，他相信图谶，认为李家坐天下的说法指的是他，而不是李渊。其实他归顺唐朝以后，就应该摆正自己的位置，适应角色的转变，可是，他的权力欲太强，才使他做出了错误的判断，不合时宜地企图"另立中央"，终于招致杀身之祸。

不占天时，不占地利，不占人和，可谓大势已去。大势已去却偏要逆势而行，又怎么能成事呢？

大势已去，就不要轻举妄动。野心和志向终究不是一回事！

风起于青萍之末

楚国才子宋玉在《风赋》中云："夫风生于地，起于青萍之末……"后人遂有"风起于青萍之末"这一成语，意为见微知著、一叶落而知秋。

1929 年 10 月，美国纽约股票交易所突然被股票抛售狂潮吞没，股价暴跌，一天之内有 1300 万股票转手。这场空前严重的经济崩溃的前 10 年，曾是美国经济极其繁荣的时代。当时，人民生活有所改善，但工资的提升，按比例远远赶不上工商业利润的增长，人们的消费能力下降，不断增多的商品大量积压。随着时间的推移，生产和销售的矛盾冲突终于如蓄积已久的火山一般爆发了。

全球性经济危机从美国开始，迅速席卷了整个资本主义世界。这次经济危机的破坏性极强，整个资本主义世界的工业生产减少了 1/3 以上，国际贸易缩减了 2/3。危机延续的时间也很久，从 1929 年一直拖到 1933 年。这场世界性的经济危机很快波及了日本。日本由于国土资源匮乏，国内市场狭窄，特别依赖出口，故所受打击尤其沉重。1929～1931 年，日本的工业总产值减少了 32.5%，农业生产总值减少了 40%，贸易出口额下降了一半多，大批企业倒闭、破产，侥幸支撑的工厂企业只能减少工资、解雇工人。松下电器也受到了经济萧条的打击，产品销路急剧下降，企业开始进入困境。

在经济萧条的大环境下，松下幸之助一面苦苦支撑，一面密切地关注着形势的发展。对他来说，经济萧条既是一场危机，也是一个机会——他认为只要熬过这场危机，并且先人一步地抓住经济复苏的机会，就会令松下电器脱颖而出。

1932 年 5 月 15 日，犬养毅首相被暗杀，日本社会政治向右急转。事件发生以后组成的齐藤内阁，在议会中提出"统制通货膨胀"的政策及向民间低利贷款等一系列经济建设计划。当时，美国已从长期的经济萧条中走出，在整个国际大环境的影响下，日本的经济也开始复苏。松下幸之助看准并抓住了这个机会，指示所有工厂尽量全速开工生产。同时他也感觉到：松下电器的设备和场地已达到极限，松下电器必须增加设备、场地和招募新的员工，否则难以继续发展。当时大阪市内大街已再无潜力可挖，松下把眼光转向了郊区，决心在大阪市郊的门真街购进 16500 平方米的土地建设总厂，同时将公司的总管理处迁至新址。他迅速下达指示，让公司企划部门做出规划和预算。营建工程仍由营建二厂、三厂的中川营造厂设计施工。松下幸之助以独到的眼光捕捉到经济复苏的势头，并迅速扩大了厂房、加大了生产，从而抓住了经济复苏的机会，为自己的企业插上了腾飞的翅膀。

社会局势的变化，往往蕴藏着巨大的商机。一个机遇如巨浪般翻滚而来，有人乘浪头扶摇直上，有人仍停留在波浪的谷底。随着机遇的翻滚，人与人之间财富的多寡、身份的高低，不断在发生变化。局势每来一次，社会的面貌就改写一次。

时势造英雄，富豪们最善于从细微处见出未来发展的脉络。香港巨富胡应湘在初涉内地商海时，和李嘉诚等联袂在广州兴建中国大酒店。胡应湘在经营中国大酒店的过程中，发现这所有1200个房间的饭店，在开始营业后，每天要消耗广州总电力的2%。此时，他感觉财神在向他招手。当时的内地正步入一个经济发展的快车道，能源紧缺的问题一定会越来越明显。从中国大酒店的用电状况，胡应湘看准了投资电厂的巨大潜力与前景。在合和公司的精密筹划下，一所位于广东深圳沙头角，有两台35万千瓦发电机的发电厂，以破纪录的速度，在22个月内完工发电。这个投资约40亿港元兴建的项目，乃是香港与内地合作的一项重大成果，也是当时中国签署的最大的中外合作经营项目之一。如今，胡应湘的电厂，早已依约成为深圳特区的财产，但他在电厂经营的八年多时间里，已经赚得盆满钵溢了。

设定目标时适度伸展

你或许会感到不解，到底迈克尔·乔丹拼命不懈的动力来源于何处？那是发生在他高中一年级时一次篮球场上的挫败，激起他决心不断地向更高的目标挑战。就在这个目标的推动下，飞人乔丹一步步成为全州、全美国大学，乃至 NBA 职业篮球历史上最伟大的球员之一，他的事迹改写了篮球比赛的纪录。

当你问起 NBA 职业篮球高手"飞人"迈克尔·乔丹，是什么因素造就他不同于其他职业篮球运动员的表现，而能多次赢得个人或球队的胜利？是天分吗？是球技吗？抑或是策略？他会告诉你说："NBA 里有不少有天分的球员，我也可以算是其中之一，可是造成我跟其他球员截然不同的原因是，你绝不可能在 NBA 里再找到像我这么拼命的人。我只要第一，不要第二。"

有限的目标会造成有限的人生，所以在设定目标时，要适度伸展自己。一个唾手可及的目标，既不能激起你昂扬的斗志，也不能激起你身上的潜能。你需要一个有些难度的目标。

在给自己制定目标时，不要轻易给自己设限。

在"跳蚤训练"试验中，科学家把它们放在广口瓶中，用透明盖子盖上。跳蚤会跳起来，撞到盖子，而且是一再地撞到盖子。当你注视它们跳起来并撞到盖子时，你会注意到一些有趣的事情：跳蚤会继续跳，但是不再跳到足以撞到盖子的高度。然后你拿掉盖子，虽然跳蚤继续在跳，但不会跳出广口瓶外。理由很简单，它们在调节自己所跳的高度，一旦确定，便不再改变。

人也一样，不少人准备写一本书、爬一座山、打破一项纪录或做出一项贡献。开始时，他的梦想毫无限制，但是在生活的道路上，并非一切都能随心所欲，他会多次碰壁。这时候，他的朋友与同事可能会消极地批评他，结果他就容易受到消极的影响，认为自己的目标"超越了自己的能力"。"容易受消极的影响"只会给自己找到失败的借口而不是成功的方法。

应对"跳蚤训练"的另一个最显著的例子就是罗格·本尼斯特。多少年来，新闻媒体不断长篇大论地推测4分钟跑完1英里的可能性，而一般人的意见则认为4分钟跑完1英里是超出人类的体能的。结果很多的运动员受到"消极影响"而无法跑出4分钟1英里的成绩。

罗格·本尼斯特不想受"消极影响"，他是一位成功应对"跳蚤训练"原理的聪明人。所以，他第一个用4分钟跑完了1英里，然后，澳大利亚的约翰·兰狄在本尼斯特突破障碍后不到6周，也跑出了4分钟1英里的成绩。紧接着，又有50位以上的选手在4分钟之内跑完了1英里，其中还包括一位37岁的"老"运动员。1973年6月在路易丝安娜巴顿罗格地区举行的全美田径赛中，有8位运动员同时在4分钟之内跑完了1英里。一切似乎不可思议，但细想却在情理之中。4分钟跑1英里的障碍突破了，但那不完全是因为人类的体能发生了变化。障碍本身主要是心理上的障碍，而不仅是身体的限制。

因此，在设定自己的目标时，不要被一些所谓的"不可能"蒙住了眼睛。在飞机发明之前，几乎所有的人都认为一个铁定家是不可能在天上飞的。但莱特兄弟不这么认为。他们为自己设立了一个别人看起来不可能实现的目标，并为这个目标付出了大量的心血。于是，他们的名字被写在航空史上。

预势与财运

商机时隐时显，稍纵即逝。因此，在商业竞争中，快速反应、先发制人而抢占先机者，自然掌握竞争主动，获得占先优势。这是古今中外商战实践的真知，也是赚大钱的一条重要方略。围棋对弈时，首先要进行"猜先"，终局时执黑先行者贴目计算输赢。

围棋术语中，还有"先手"之说，并有个"宁弃数子，不失先手"的定理。这充分表明，在围棋比赛中先手能取得主动，先手能占得便宜，先手能获得优势。

在商业竞争中，先发制人而抢占先机，是商战实践的真知，也是商战中取胜的一个定论，还是创业活动的一条重要方略，是创业者所追求的目标。而要做到先发制人，少不了对局势作出正确的预测，并根据预测的结果采取相应的行动。

古川久好是日本一家公司中地位不高的小职员，平时的工作无非是为上司干一些文书工作，跑跑腿，整理报刊材料等。工作很辛苦，薪水却不高，他总琢磨着要想个办法赚大钱。有一天他在收音机里听到一条介绍美国商店情况的专题报道，其中提到了自动售货机：现在美国各地都大量采用自动售货机来销售货品，这种售货机不需要雇人看守，一天24小时可随时供应商品，而且在任何地方都可以营业。它给人们带来了方便。可以预料，随着时代的进步，这种新的售货方式会越来越普及，必将被广大的商业企业采用，消费者也会很快接受这种方式。前途一片光明。

古川久好想："日本现在还没有一家公司经营这个项目，但将来必然会迈入一个自动售货的时代。这项生意对于没有什么本钱的人最合适。我何不趁此机遇钻一个冷门，经营此新行业。至于售货机里的商品，应该搜集一些新奇的东西。"于是，他开始向朋友和亲戚借钱购买自动售货机。他筹到了300万日元，这笔钱对于一个小职员来说不是一个小数目。他以每台15万日元的价格买下20台售货机，设置在酒吧、剧院、车站等一些公共场所，把一些日用百货、饮料、酒类、报纸杂志等放入售货机，开始了他的新事业。

古川久好的这一举措果然给自己带来了大量的财富。人们头一次见到公共场所的自动售货机感到很新鲜，而且只需往售货机里投入硬币，售货机就会自动打开，送出所需物品。当时一台售货机中只放入一种商品，顾客可按照需要从不同的售货机里买到不同的商品，非常方便。古川久好的自动售货机第一个月就为他赚到100多万日元，他再把赚的钱继续进行投资，扩大经营的规模。5个月后，古川久好不仅还清了借款和利息，还净赚了近2000万日元。

商场多变，商机更是稍纵即逝。因此，一项投资能否最终经营成自己的一道财源，要做出准确的判断并非是一件轻而易举的事。这其中的关键是要有判断全局的能力，要有能在对整个局势的盘算中看出必不可易的大方向的眼光。正如胡雪岩所说:"做生意贵乎盘算整个大局,看出必不可易的大方向,照这个方向去做,才会立于不败之地。"这才叫做看得准,这才叫做看得远。

市场就像三伏天的天气,说变就变,神秘莫测。因此,善于识别与把握时机,并且能充分利用这种变化,就显得极为重要。所以,胡雪岩才说:"'用兵之妙,存乎一心!'做生意跟带兵打仗的道理是差不多的,除随机应变之外,还要从变化中找出机会来,那才是一等一的好本事。"商人的机会是自己努力创造的,任何人都有机会,只是有些人不善于创造和把握机会罢了。最有希望成功的人,往往不是才干出众的人,而是那些最善于利用每一时机,并且能够"从变化中找出机会"的人。

胡雪岩在他的鼎盛时期能够驰骋商场保持不败,很大程度上就在于他有在复杂局势中,能够见出必不可易之大方向的过人眼光。比如在生丝销洋庄的生意中,就显示出了他敏锐过人的眼光。

为了结交丝商巨头,联合同行同业,以达到能够顺利控制市场、操纵价格的目的,胡雪岩将在湖州收购的生丝运到上海,一直囤到第二年新丝上市之前都还没有脱手。而这时出现了几个情况:一是由于上海小刀会的活动,朝廷明令禁止将丝、茶等物资运往上海与洋人交易;二是外国使馆联合行业会馆,各自布告本国侨民,不得接济、帮助小刀会;三是朝廷不顾英、法、美三国的联合抗议,已经决定在上海设立内地海关。

这些情况对于胡雪岩正在进行的生丝销洋庄生意来说，应该是有利的，而且其中有些情况是他事先"算计"过的。一方面新丝虽然快要上市，但由于朝廷禁止将丝、茶运往上海，胡雪岩的现有囤积也就奇货可居；另一方面，朝廷在上海设立内地海关，洋人在上海做生意必然受到一些限制，而从洋人布告本国侨民不得帮助小刀会，和他们极力反对设立内地海关的情况看，洋人是迫切希望与中国保持一种商贸关系的。此时胡雪岩联合同行同业操纵行情的格局已经大见成效，继续坚持下去，迫使洋人就范，将现有存货卖出一个好价钱，应该说是不太难的。但正是在这个节骨眼儿上，胡雪岩出人意料地突然决定将自己的存丝，按洋人开出的并不十分理想的价格卖给洋人。

作出这一决定，就在于胡雪岩从当时出现的各种情况预测出了整个局势发展的方向。当时太平天国已成强弩之末，洋人也敏感地意识到这一点，正急切地想与朝廷接续"洋务"。同时，虽然朝廷现在禁止本国商人与洋人做生意，但战乱平定之后，为了恢复市场，复苏经济，"洋务"肯定还得继续下去，因而禁令也必然会很快解除。按历来得规矩，朝廷是不与洋人直接打交道从事贸易活动的，与洋人做生意还是商人自己的事情。正是从这些一般人不容易看出来的蛛丝马迹中，胡雪岩看出了一个必不可易得大势，那就是：他迟早要与洋人长期合做生意。

在胡雪岩看来，中国的官员从来不会体恤为商的艰难，不能指望他们会为商人的利益与洋人区论斥争两。因此，与洋人的生意能不能顺利进行，最终只能靠商人自己的运作。既然如此，也就不如先"卖点交情给洋人"，为将来留下见面合作的余地。处于这种考虑，胡雪岩为了迁就洋人而低价卖丝的行为就显得非常高明了。

这就是胡雪岩眼光长远之所在。这一票生意做下来，他虽然没有赚到钱，但由于有了这票生意"垫底"，胡雪岩为自己铺就了一条与洋人做更大生意的通途。事实上，胡雪岩在这一笔生意中"卖"给洋人的交情，马上就为他赚来了与洋人生丝购销的三年合约，为他以后发展更大规模的买办生意，为他借洋债发展国际金融业，奠定了一个良好的开端。

预测经济大势

无论是做生意还是打工，在社会经济大势以及全球经济大势面前，都不能独善其身。经济繁荣时，大小生意也一片繁荣，社会失业率低，工薪也相对高些。在这种形势下，只要经营上不出什么大差错，基本上是开门进财。

相反，经济形势不妙，各国的经济都在倒退。这时，大多数行业都必定会面对顾客不足的局面。消费力弱的压力使各类生意纷纷收缩，使各企业很多都倒闭收场。

做生意一定要懂得预测经济大势，就算只是开一家小公司，或是开一家小店，做一些小生意，经济大趋势都举足轻重，对生意有极为重大的影响。任何生意人都应该留意经济大势，否则一定会做出错误的生意决定。很多在经济变化剧烈时创业的人，就是看不到这个经济大势，以致该进不进，应退不退，有钱赚不到，错过机会，有危机也守不住，损失惨重。

例如，经济坠落于谷底时，消费力疲弱，楼市淡静，股市人人持观望态度。这时候，商人就要留意经济会在什么时候有起色，会在可见的未来，还是在不可见的长远以后。若是开了一家店铺，上述的资料肯定会帮助你作出正确的决定，到底是值得守下去，还是索性结束，等到经济好转时再来一次？

你开了店，只要打开门，无论有没有生意上门，店铺租金和人工都要支付，灯油火蜡也要支付，如果在可预见的未来都不景气，守下去只有一路蚀本，像个无底深潭；那么，是否要暂时结束，或是减缩经营的规模，就要作出果断的决定。否则一路拖下去，可能把每一笔资金都耗蚀掉。在上世纪末东南亚金融风暴爆发以后的一年内，香港有很多企业便相继关门，像很多酒楼食肆，在金融风暴打击下，短短一段时期内就有很多家关门大吉。原来已经勉强经营的，现在也趁机调整了。很多小商店亦是一样，尤其是一些做游客生意的，或是专做外地来港的游客生意的公司，都对金融风暴非常敏感。在很短的时间内，这些店铺突然水静河飞，以前一日几十个客人，一夜之间，突然门可罗雀，连苍蝇飞行的声音都听得见，生意立即下跌90%以上，立竿见影。

如果你开了一家店铺，会不会继续撑下去？唯一支持你撑下去的理由，只有是你预见经济会很快再起，现在只不过是暂时现象。到时候，那些欠远见的都结束了，你就可以突然抢得有利滩头，赚取很高的利润。

但如果你预计的经济大势有误，你就要付出惨痛的代价。任何商人都要对自己的预期付出代价，或是相反收到很好的回报。

无论如何，你都应该具备一些预测经济大势的能力，判断得正确，对于生意的进退有很重要的意义。如果不是懂得很多，也要虚心一点，看看各大媒体经济专家们的分析。虽然他们的分析有时会错，但无论如何，总算有些参考的材料，不至于盲目跟风或靠估计生存。

具有洞察未来的眼光是众多有钱人的一个显著共性。

有一句宣传语是这样说的："快人一步，理想达到。"在商场上，能够洞悉先机，先人一步捕捉到市场，开发出新的市场、新的产品，提供市场上从来没有人提供过的服务，或是在市场已经有这种服务，但行内的企业只是一盘散沙未成气候之时，以企业化的形式去经营，使市场人士耳目一新，都算是快人一步的做法。这样的眼光不是每个人都能拥有的，但却更容易达到目标。

做每一件事情都要洞察先机，都要比别人早一步，都要比别人更迅速地掌握未来的动态、未来的资讯、未来的走向，这就是超级成功者所拥有的观念，就是我们应该具有的思考模式，也是那些成功者的秘诀。

从对大多数成功人士的研究分析中我们可以看到，成功首先来自于对未来的科学预见和高瞻远瞩。

被人誉为"世界首富"的美国微软公司总裁比尔·盖茨，经过短短几年的努力，早在 1998 年美国《财富》杂志世界 10 大富豪排行榜中，以千亿美元的资产荣任首富，引起了世人的注目。他的成功之道除了电脑时代所赋予的机遇外，更主要的还是他的高瞻远瞩和远见卓识，善于洞察先机。

美国钢铁大王安德鲁·卡耐基"事先"就知道，铁路时代必定要到来；日本"经营之神"松下幸之助"事先"就预测到，电气化时代必然来 I 临……

美国通用电器公司的董事长威尔逊曾这样说过："我整天没有做几件事，但有一件做不完的工作，那就是计划未来。"美国建筑业巨子比达·吉威特十分注意掌握信息，善于预测市场。1930 年，在建筑业不景气的情况下，他预测公共投资将旺盛；1940 年，他预测到防卫工程特别是空军基地的建设要扩大；1950 年，他预见到高速公路及导弹基地的建设高潮将到来；1960 年，他又预见到都市交通网的大发展。正是由于他的先见之明，事先准备充分，保证了其在承接建筑项目时投资成功。

一叶落而知秋

世上常发生这样的事，我们也常在一些影视报刊中看到这样的案例：有的人正在干着很辉煌的事业，仿佛一切顺风顺水，如日中天，不料却一场变故突如其来，事业大厦顷刻轰然坍塌，一切化为乌有。个人也从万众瞩目沦为不名一文，甚至成为乞丐或阶下囚。这在当今的社会中几乎是司空见惯。

一叶落而知秋，一切事情的或好或坏的结果，都有其预兆只不过容易被大家忽略了。比如说地震，我们知道在它发生前就会出现地光、地声等，一些动物也会表现异常，如鸡在半夜时分突然鸣叫，狗无缘由地突然狂吠不止……虽说人生无常，但许多结局，我们还是可以从平日的所作所为，或其所交往的人员，或所处的环境中看出一些蛛丝马迹，解读出能预示吉凶祸福的一些密码来。

1. 行为分析

人是有理性的动物，人的行为大多是有目的有计划的。从一定意义上说，一个人的行为多是他的心理活动的结果。而人的心理藏于内心深处，如果本人不愿意流露，外人很难把握。但心理总是要通过一定的迹象外现出来，"寓于内必形诸于外"，而人的外在行为就是心理迹象的表现形式。因此，从现象发现本质，从行为观察心理，早已成为人们识人知事的一条重要途径。

宋朝人陈瓘在一次朝会上，偶然发现了蔡京用眼睛直盯着太阳，很久很久眼睛都不眨一下。于是，他逢人便说："以蔡京这种神态，以后肯定能够升为显贵。但他目空一切，居然敢和太阳为敌，恐怕得意之后，要独断专横，肆意妄为，心中没有君王。"后来，他做了谏官，就不断地攻击蔡京。可因为蔡京的面目还没有暴露，人们都说陈瓘有些过分。但后来的事实证明，蔡京真的表现出像陈瓘所说的那样奸诈时，大家才想起陈的话。

三国的时候，东吴武陵郡将樊伷诱使附近的外族作乱，州都督请求发兵万人征伐他们。孙权召问潘浚，潘浚说："容易对付，5000人足够了！"孙权问："你为什么这样轻视他？"潘浚答道："樊伷善于夸夸其谈，实际上并无真才实学。过去他曾经为州里人整治酒饭，等到下午，酒饭还没上桌，他竟十几次站起身来观望，这个小事足可以证明他不过是个饭桶。"孙权大笑起来，随即派遣潘浚率兵出征。潘浚果然只用5000人便斩了樊伷。

2. 察言观色

人的喜怒哀乐难免形诸于色，尽管有人城府很深，掩藏不露，但总不能没有蛛丝马迹，察言观色就成为了解人和事物的一个通用方法。齐桓公早朝时和管仲商量要攻打卫国，退朝回宫后，一名从卫国献来的妃子看见了他，就走过来拜了拜，问齐桓公，卫国有什么过失。

齐桓公很惊奇，问她为什么问这件事。那妃子说："我看见大王进来，腿抬得高高的，步子迈得大大的，脸上有一种骄横的神气，这显然是要攻打某个国家的迹象。并且大王看到我时，脸色全变了，这分明是要攻打卫国。"

第二天，齐桓公早朝时朝管仲一揖，召他进来。管仲说："大王不想攻打卫国了吗？"齐桓公惊讶地问："你怎么知道的？"管仲笑着说："大王上朝时作了一揖，并且很谦恭，说话的声调很缓和，见到我也面有愧色。我由此判断您改变了主意。"

难道你自己就没有通过察言观色而获知他人内心的经历吗？不妨找出来总结一下。

3. 言论判断

从一定意义上说，语言只是一种现象，人的欲望、需求、目的则是本质，现象反映本质，本质总要通过现象表现出来。语言作为人们欲望、需求和目的的表现，有的是直接明显的，有的是间接隐晦的，甚至是完全相反的。对于那些直接表达内心动向的语言来说，每个人都能理解，而那些含蓄隐晦甚至以完全相反的方式表现心理动向的语言，就不是每个人都能理解的。高人与凡人的差别，也就在这里。这才是创造性思维的用武之地。若能够举一反三、触类旁通，反过来想想，倒过去看看，最后通过他人的言谈话语，发现他人内心的深层动机，那就说明你比别人强得多。

明朝洪武元年，浙江嘉定安亭有一个叫万二的人，他在安亭一带堪称首富。一次，有人从京城办事归来，万二问他在京城的见闻。这人说："皇上最近作了一首诗，诗是这样的：'百僚未起朕先起，百僚已睡朕未睡。不如江南富足翁，日高丈五犹盖被。'"万二一听，叹口气说："唉，迹象已经有了！"他马上将家产托付给仆人掌管，自己买了一艘船，载着妻儿和家中细软，向江湖泛游而去。

两年不到，江南大族富户都被朝廷以各种名目没收了财产，门庭破落，只有万二幸免。

4. 究之情理

所谓究之情理，就是考察事物和行为是否合乎规律。人世间事物的存在和运行都是有规律的，当你发现一个事件或行为是不合乎规律的、是反常的，其中肯定另有原因，如果找到了这个原因，便发现了事物的本来面目。

春秋时期，齐国攻打宋国，宋王派臧孙子求救于楚国。楚王很高兴，答应得也很爽快。然而，臧孙子却满怀忧虑地回去了。他的车夫问："你求救成功了，怎么还面带忧色？"臧孙子说："宋是小国，齐是大国，为救一个小国而得罪一个大国，这是人们所不愿意的。然而，楚国却很高兴地答应了，这不合情理。他们不过想以此坚定我们的信心，让我们拼死抵抗齐国而已，以此削弱齐国，这样就对楚国有好处了。"

果然，臧孙子回国后，齐国接连攻占了宋国的 5 座城池，而楚国允诺的援军连个影子都没有见到。

5. 由近察远

事物的运行和发展，其实都有其一定的秩序和规律性，无缘无故、杂乱无章的事物应该说是不存在的。如果我们善于发现、收集并分析整理事物的现象，就能见人所未见，知人所未知，对事物的发展趋势和结局就会有一个清晰的把握，即高瞻远瞩、预知未来。

战国时期齐国握有实权的田常，通过武装政变，拥立了顺从自己意愿的君主，他自己做了相国。在事变之前，曾发生过这样一件事：

一天，齐国的重臣隰斯弥到田常家拜访，田常和他一起登上高台，向四周眺望。东、西、北三面什么障碍物也没有，视野十分开阔，只有南面，因为隰斯弥家前的大树挡着而望不远，田常对此什么也没说。

隰斯弥回到家后，马上叫家奴们把大树砍掉。但还没砍几下，隰斯弥又突然改变了主意，急令停止砍树。家奴们都惊讶地问他原因。他答道："古人说：'知道深渊处藏着乌龟是十分危险的。'你们还记得这句话吗？我感觉到现在田常好像在谋划什么大事，如果我们砍了大树，他就会认为我是个很细心的人，可能察觉到他心中的计划，这是很危险的。不伐树，不会被怪罪，但若是知道了别人心底的秘密，其罪过可就大了！所以我才让你们住手的。"

这是由近察远的典型例证，给人以深刻的启迪。

伟人和凡人、眼光长远与短视的人，差别只在咫尺之间。即便是在那些很微小的地方，有的人发现了重要的甚至是石破天惊的事件，有的人却视而不见。因此，我们活在世上，绝不可忽略小事，往往就在对眼前的一件小事上，就在对一个人举手投足的认识上，一失足成千古恨！对此，不可不慎啊！

第三章　大格局需要大才能

　　人世间有一种显而易见的公平，那就是：一个人的能力会与其所拥有的财富与地位相匹配。如果一个人的能力低于其所拥有的财富与地位，不用多久他就会失去所拥有的。反之，如果一个人的能力高于其所拥有的财富与地位，不用多久他就会拥有他所应该得到的。

　　俗话说得好，"人往高处走，水往低处流。"人的一生总是不断奋斗，不断完善自己，这就犹如爬山，总是一步一个脚印，眼睛总是向上看，一层一层向上攀登。在登到最高处时，眺望远方，总是显得那样美好！

全面认识自己

我们常常会抱怨自己人生不如意，但是，毫无疑问的是。有时候不是环境出了问题，而是我们自己出了问题，可能是我们没有能够选择正确的人生方向，也可能是我们对自己能力的认识存在偏差等等。只要我们能正确地认识自我，社会总有我们的立足之地。

斯芬克斯是希腊神话故事里一个狮身人面的怪兽。它有一个谜语，询问每一个路过的人：早晨用四只脚走路，中午用两只脚走路，傍晚用三只脚走路，这是什么？如果你回答不出，就会被它吃掉。它吃掉了很多人，直到英雄的少年俄狄浦斯给出了谜底。

俄狄浦斯的回答是人。他解释说：在生命的早晨，人是一个初生的婴儿，用四肢爬行。到了中午，也就是人的青壮年时期，他用两只脚走路。到了晚年，他是那样苍老无力，以至于不得不借助拐杖的扶持，作为第三只脚。斯芬克斯听了答案，就大叫了一声，从悬崖上跳下去摔死了。斯芬克斯之谜，其实就是人之谜、人的生命之谜，解谜也是人类从懵懂到自知的过程。

其实，很多人都不够了解自己。我们了解自己的欲望，却不了解自己的本性；了解自己的所缺，却不了解自己的所有；了解自己的容貌，却不了解自己的形象。

　　这就需要我们静下心来，问问自己真正的爱好是什么，有哪些长处值得发扬，有哪些缺点应该改正。每天抽出一段时间反省自身，定能受益匪浅。

　　我们要想取得成功，必须从认知自己开始。对自己看得越准确、越透彻，选择的道路就会越正确，自身的潜力就越能发挥出来，成功的可能性就越大。

　　古人云：人贵有自知之明。自我认知是一个人一生事业成功的关键。

　　老子曰：知人者智，自知者明。认清自己有利于发挥自己的聪明才智。许多人平庸一生，不是他们没有才能，而是终其一生都没有发现自己的才能，自然也就不能够"物尽其用"。世界上许多有成就者之所以获得成功，最主要的是他们认识到自己的才能。

　　有时，我们认不清自己的长处，以为自己就应该平平庸庸度过一生。有时，我们又认不清自己的短处，总以为自己无所不能，只要肯努力就一定会有一番作为。更要命的是，有时候我们认清了自己，却不能正视现实，依然故我，在老路上前行。

　　一个人要实现自己的人生价值，就得正确地认识自己，珍惜有限的时间，应该知道自己能够做些什么事。

　　美国跳水运动员格里格·洛加尼斯开始上学的时候很害羞，因为口吃，在讲话和阅读时他总会受到同伴的嘲笑，这令洛加尼斯非常沮丧和懊恼。

　　但格里格·洛加尼斯非常喜欢并且擅长舞蹈、杂技、体操和跳水。他知道自己的天赋在运动方面而不在学习上。随后，他开始专注于舞蹈、杂技、体操和跳水方面的锻炼，他希望自己能凭借运动方面的出色表现而赢得同学们的尊重。由于他的天赋和努力，他开始在各种体育比赛中崭露头角。

但自升入中学后，随着课业的加重，洛加尼斯发现自己有些力不从心了，因为无论是舞蹈、杂技、体操、跳水，都需要勤奋地练习，但他不可能有充裕的时间和足够的精力去做这么多事。他知道自己必须要有所舍弃，只能专注于一个目标。就在这时，洛加尼斯幸运地遇到了他的恩师乔恩——一位前奥运会跳水冠军。经过对洛加尼斯的观察和询问后，乔恩肯定了洛加尼斯在跳水方面更有天赋，建议他专心投入到跳水中去。

而后，洛加尼斯经过专业训练和长期不懈的努力，终于在跳水方面取得了骄人的成就。由于对运动事业的杰出贡献，洛加尼斯在1987年获得世界最佳运动员和欧文斯奖，取得了一个运动员所能得到的最高荣誉。

从洛加尼斯的例子中我们可以知道，一个人要实现自己的人生价值，就得正确地认识自己。一个人在自己的生活经历中，在自己所处的社会环境中，能否真正认识自我、肯定自我，如何塑造自我形象，如何把握自我发展，如何抉择积极或消极的自我意识，将在很大程度上影响甚至决定着一个人的前程与命运。换句话说，你可能渺小而平庸，也可能美好而杰出，这在很大程度上取决于你是否能够充分认识自己。

日本保险业泰斗原一平在27岁时进入日本明治保险公司开始推销生涯。当时，他穷得连饭都吃不饱，还在公园里露宿。

有一天，他向一位老先生推销保险，等他详细地说明之后，老先生平静地说："听完你的介绍之后，丝毫引不起我投保的兴趣。"

老先生注视原一平良久，接着又说："人与人之间，像这样相对而坐的时候，一定要具备一种吸引对方的魅力，如果你做不到这一点，将来就没什么前途可言了。"

原一平哑口无言，冷汗直流。

老先生又说："年轻人，先努力改造自己吧！"

"改造自己？"

"是的，要改造自己首先必须认识自己，你知不知道自己是一个什么样的人呢？"

老先生又说："你在替别人考虑保险之前，必须先考虑自己，认识自己。"

"考虑自己？认识自己？"

"是的！赤裸裸地注视自己，毫无保留地彻底反省，然后才能认识自己。"

从此，原一平开始努力认识自己，改善自己，大彻大悟，终于成为一代推销大师。

由此可见，正确地认识自我，对自己有一个正确的定位，是何等重要。有些人一辈子忙忙碌碌，但到头来却一事无成。虽然并没有什么过错，但成就也寥寥无几。彻底反省一下自己，就会发现这归根结底还在自己没有很好地认识自己、把握自己。

在人生道路上，成功者无不经历过几番蜕变。而蜕变的过程，也就是自我意识提高、自我觉醒和自我完善的过程。人的成长就是不断地蜕变，不断地进行自我认识和自我改造。对自己认识得越准确深刻，人取得成功的可能就越大。

认清自身优势

命运为每一个人准备了不同于别人的优势，从这个角度看，任何人都没有必要因别人的出色而轻视自己，也许就在你羡慕别人的时候，也正在被别人以羡慕的眼光欣赏。一些时候，自己的欣赏往往比别人的欣赏对自己人生的成功起到更大的推动作用。那些不会赞美自己、欣赏自己的人，积极向上的愿望便不会被激发，他们也无法紧紧抓住改变自己、成就自己的机会。

知道自己短处很重要，但知道自己的长处更重要，同时把自己的长处发挥到极致，是自我成功的起点。

益川敏英大学时就读于日本著名的名古屋大学。然而就是这样一位世界著名的物理学家，大学时的英语成绩却是非常的差。每次考试成绩都在全年级里排名倒数。然而面对自己如此之差的英语，他费了很大的力气，想尽一切办法想提高自己的水平。他请教老师、同学，甚至是废寝忘食的去加班加点的学习，但是最终的结果却并不理想。

有一天，益川敏英向他的英语教授请教一个很简单的问题，但是这个问题在这位教授上课的时候已经多次讲到。所以这位教授并没有直接回答益川敏英提出的问题，而是对益川敏英揶揄道："连这么简单的问题都不懂，真够笨的。你的英语成绩这么差，怎么有可能到外国去留学，又怎么可能读得懂英文版的课程！"教授的话深深地伤害着益川敏英的心灵，他一直都梦想着去英国的剑桥大学去留学，成为著名的物理学家，而英语不好会让他的梦想破灭，他突然觉得自己前途一片黯淡。

郁郁寡欢中，益川敏英和几个朋友去酒馆准备借酒消愁。刚一入座，他就急着喊服务员上酒。不一会儿，一只打扮成服务员模样的猴子拿着一瓶酒和几个杯子飞快地跑到益川敏英等人面前摆好，然后又飞快地跑回去拿盘子和碟子。益川敏英看到猴子像人似的那么的灵活和敏捷后，被深深地吸引住了。他疑惑地问老板是怎么把猴子训练得像人一样听话。老板笑着对他说道："人也好，动物也好，总有一项功能是胜过于别人或其他动物的，只要你寻找到了，并不断地挖掘，持之以恒，那么不要说猴子，就是猪也能训练成舞蹈演员啊！"

听完了老板的话，益川敏英不禁将眼睛瞪得大大的，他的眼前仿佛绽放出一道绚丽的色彩，他有了一种醍醐灌顶的顿悟和美好，那横亘在眼前的英语不好的障碍，已经显得不再那么重要，重要的是把自己喜欢的物理学好。

三年的时间过去了，益川敏英不仅从大学顺利的毕了业，而且还考取了英国剑桥大学物理专业的留学生。从剑桥大学物理系毕业后，他被美国物理研究所聘为高级研究员。2008 年，68 岁的益川敏英靠小林－益川模型，与小林诚及南部阳一郎共同获得那一年的诺贝尔物理学奖。益川敏英也因为当年酒馆老板的一席话，把努力的重心放在自己的优势上，不去在意学不好的英语，并最终走向了成功。

益川敏英的成功告诉我们，每个人都有自己的强项和弱项，我们不能总是用眼睛去盯着自己不擅长的事情，而应该把目光放到我们所擅长的事情上去，做到取长补短。你不用什么都会，但是，你会的那件事，必须做到最好。就像益川敏英一样，也许他的英语成绩并不好，甚至是很差，但是他把重点放在了自己擅长的物理学上，并经过几十年的努力，最终获得了科学界的最高奖项诺贝尔奖。从益川敏英的身上我们看到了——一个人只要认清自己的优势与劣势，扬长避短，坚持不懈地朝着自己优势的方向努力，那么我们也可以成就非凡的人生。

现实生活中，不乏很多不自知者，这些人有的志大才疏，自命不凡；有的妄自菲薄，缺乏自信；有的在能力方面以己之短，搏人之长，终究事倍功半，成就寥寥；有的在兴趣方面朝秦暮楚，见异思迁，到头来岁月蹉跎，年华流逝。人要实事求是、辩证地看待自己的长处所在，充分发挥自己的优势，这样才能走向成功。

每天进步一点点

在 20 世纪 50 年代，日本生产的各种商品急需摆脱劣质的国际恶名，多次请美国的企业管理大师开药方。美国著名的质量管理大师戴明博士就多次到日本松下、索尼、本田等企业考察传经，他开出的方子非常简单——"每天进步一点点"。日本的这些企业按照这个要求去做，果然不久就取得了质量的长足进步，使当时的"东洋货"很快独步天下。现在日本先进企业评比，最高荣誉奖仍是"戴明博士奖"。如果你期冀成才，渴望成功，用心体味戴明博士的方法肯定会受益终生。

每天进步一点点，听起来好像没有冲天的气魄，没有诱人的硕果，没有轰动的声势，可细细地琢磨一下：每天，进步，一点点，那简直又是在默默地创造一个料想不到的奇迹，在不动声色中酝酿一个真实感人的神话。

法国的一个童话故事中有一道小智力题：荷塘里有一片荷叶，它每天会增长一倍。假使30天会长满整个荷塘，请问第28天，荷塘里有多少荷叶？答案要从后往前推，即有四分之一荷塘的荷叶。这时，假使你站在荷塘的对岸，你会发现荷叶是那样的少，似乎只有那么一点点，但是，第29天就会占满一半，第30天就会长满整个荷塘。

正像荷叶长满荷塘的整个过程，荷叶每天变化的速度都是一样的，可是前面花了漫长的28天，我们能看到的荷叶都只有那一个小小的角落。在追求成功的过程中，即使我们每天都在进步，然而，前面那漫长的"28天"因无法让人"享受"到结果，常常令人难以忍受。人们常常只对"第29天"的曙光与"第30天"的结果感兴趣，却忽略了"28天"细微的进步、努力与坚持。

聚沙成塔，集腋成裘。大厦是由一砖一瓦堆砌而成的，比

格局定结局

赛是由一分一分的赢得的。每一个重大的成就，都是由一系列小成绩累积而成。如果我们留心那些貌似一鸣惊人者的人生，就会发现他们的"惊人"之处并非一时的神来之笔，而是缘于事先长时间的、一点一滴的努力与进步。成功是能量聚积到临界程度后自然爆发的结果，绝非一朝一夕之功。一个人眼界的拓展，学识的提高，能力的长进，良好习惯的形成，工作成绩的取得，都是一个持续努力、逐步积累的过程，是"每天进步一点点"的总和。

每天进步一点点，贵在每天，难在坚持。"逆水行舟用力撑，一篙松劲退千寻"。要"每天进步一点点"，就要耐得住寂寞，不因收获不大而心浮气躁，不为目标尚远而情疑动摇，而应具有持之以恒的韧劲；就要顶得住压力，不因面临障碍而畏惧退缩，不为遇到挫折而垂头丧气，而应具有攻坚克难的勇气；还要抗得住干扰，不因灯红酒绿而分心走神，不为冷嘲热讽而犹豫停顿，而应有专心致志的定力。

洛杉矶湖人队的前教练派特·雷利在湖人队最低潮时，告诉12名球队的队员说："今年我们只要求每人比去年进步1%就好，有没有问题？"球员一听："才1%，太容易了！"于是，在罚球、抢篮板、助攻、抄截、防守一共五方面每个人都有所进步，结果那一年湖人队居然得了冠军，而且是最容易的一年。

不积跬步，无以至千里。让自己每天进步1%，只要你每天进步1%，你就不必担心自己不快速成长。

在每晚临睡前，不妨自我反思一下：今天我学到了什么？

我有什么做错的事？有什么做对的事？假如明天要得到理想中的结果，有哪些错绝对不能再犯？

反思完这些问题，你就会比昨天进步 1%。无止境的进步，就是你人生不断卓越的基础。

你在人生中的各方面也应该照这个方法去做，持续不断地每天进步 1%，长期下来，你一定会有一个高品质的人生。

不用一次大幅度地进步，一点点就够了。不要小看这一点点，每天小小的改变，积累下来就会有大大的不同。而很多人在一生当中，连这一点进步都不一定做得到。人生的差别就在这一点点之间，如果你每天比别人差一点点，几年下来，就会差一大截。

如果你将这个信念用于自我成长上，100% 的会有 180 度的大转变，除非你不去做。

不积跬步，无以至千里。人生恰恰像走在一条长长的马拉松跑道上，只有一步一步地向前，总能达到终点。

找个榜样来紧跟

长跑选手在进行比赛时都会在接近终点前跟住某位对手，在最后冲刺的恰当时机再超越他！

为什么要这么做呢？

长跑，尤其是马拉松比赛，是体力与意志力的比赛，而意志力的重要胜过体力，有不少人就因为意志力不足，在体力尚可坚持时退出比赛；也有人本来领先，但却在不知不觉间慢了下来，被后面的选手赶上。跟住某位对手就是为了避免这种情形的产生，主要是通过对手作为参照物来激励自己：别慢下来！也提醒自己别冲得太快，以免力气提早用尽！另外，这样做也有消除孤单感的作用。你如果观察马拉松比赛，便可发现这种情形：先是形成一个小集团，然后再分散成两个或三人的小组，过了中点后，才会慢慢地出现领先的个人。

我们人的一生其实也是一段"长跑"。既是"长跑"，那么也可学习长跑选手的做法，跟住身边某一个人，把他当成你追上并超越的目标。不过，你要找的"对手"应该是有条件的，而不是胡乱找的。

你要找的目标一定要选无论是成就或能力都比你好的，换句话说，就是目前"跑"在你前面的人，是你的榜样。不过，你也不能找跑在前面太远的人，因为你们之间的距离太远，这会让你跑得很辛苦，却看不到一丝成功的希望，从而令疲惫的你产生挫折感。例如，你只是个普通员工，一个月赚个3000元，你却要以比尔·盖茨当目标追赶，还不如拿你的上司当目标呢。

"对手"找到之后，你要进行分析，看他的本事到底在哪里？他的成就是怎么得来的？平常他为人处世的方法，包括人际关系的处理和经营能力的大小等等，都要有所了解。你可以学习他的方法，取长补短，相信很快就有成绩出现——你慢慢地和他并驾齐驱，然后去超越他，

等超越了你的"对手"，你可以再跟住另外一个更高的

"对手"，并且再次超越他！

不过你得正视一个事实，跟住一个对手，并不一定马上就可以超越他，可能你才跟上了，他几个大步就又把你甩在后头了！做事也是如此，好不容易接近了对手，他又把你抛在后面了。不过别灰心，因为这种事谁都难免碰到。碰到这种情形，如果能跟上去，当然是要跟上去；如果跟不上去，那只是个人条件的问题，勉强跟上去，只会提早耗尽体力。你可能会想，这不是白跟了吗？并没有白跟！因为你"跟住对手"的决心和努力，已经让你在这"跟跑"的过程中激发出了自己的潜能和意志力，比无对手可跟的时候要进步得更多、更快。而经过这一段"跟跑"的操练，你的意志肯定会受到磨炼，也能验证成果，这种经验将是你一辈子受用的本钱。

当然也有可能你找到了对手，但就是一直超不过去，甚至还被后面的人一个个超越过去。这实在令人难堪。碰到这种情形，我要说的是——马拉松比赛讲求运动精神，跑到终点比名次更重要；人生也如此，努力比成就更重要！只要你尽力了，不愧对自己，你的人生就已经很丰富多彩了，虽不能认为自己已很辉煌，但那也就可以了。如果半途退出，失去奋勇向前的意志，这才是人最悲哀的一件事！

榜样不是偶像，榜样是你心灵的导师，行动的路标。榜样还是一种承诺与誓言：我将成为他，甚至超越他。

发掘隐藏的潜力

　　每个人都是不同的个体，同时身上都蕴藏着一份特殊的才能，那份才能犹如一位熟睡的巨人，等着我们去唤醒它，而这个巨人就是——潜力。

　　充分挖掘自身的宝藏，发掘自己的潜力是生命的意义之一。追求成功，重要的一点就是要相信自己的能力，看好自己身上的潜力，从开发自身的潜力到发挥出自己的潜力，走出一条真正属于自己的成功之路。当你能更有效地利用自己的宝藏，为实现自己的理想而付出努力时，你的人生将拥有各种可能。

　　有人问，美国橄榄球教练杰米·约翰逊是怎么把达拉斯牛仔队这个烂摊子改造成一支战无不胜、无坚不摧的超级杯冠军队的，约翰逊说：相信自己能赢，就一定能赢，人的潜力是具有无限力量的。他还举了一个现实生活中的例子。

　　他说：几年前，得克萨斯技术大学一位叫阿尔伯特·金的教授做过一个试验。他召集了一帮劳工，办了一个电焊培训班。金教授告诉教电焊的老师，班上某某等人具有电焊天才，是好苗子。其实，金教授只是随便点几个人的名字而已，他自己对这些工人的才能如何也一无所知。但是，老师却把金教授的话铭记在心。他真的把那几个人当做好苗子，经常用肯定和鼓励的语言促其上进，并明确无疑地对其寄予很高的期望。结果，培训班结束后，那些最初被金教授点过名的人真成了班上的佼佼者。

约翰逊又说：不论我是把一个球员当作一个胜利者看待，还是将整个球队看作一支冠军队，或者是将教练助理视为甲级队中最聪明、最勤奋的教练助理，关键是我树立起了球队的自信，这才是我们赢的真正动力。

相信自己能赢，就一定能赢！这就是约翰逊仅经过短短的4个赛季就把一支失魂落魄的橄榄球队塑造为全美超级杯冠军队的秘诀。

如果一个人敢于向自己以往的表现和能力水平挑战，当遇到困难时，便会尝试花更多的精力来解决它。经过不断学习，他的能力就会有所提高。设定具有挑战性的目标可以提高人的创造力，可以使人不断地发掘自己的潜能，超越自己现在的水平。

罗斯福曾说过：杰出的人不是那些天赋很高的人，而是那些把自己的才能在可能的范围内发挥到最高限度的人。

但问题就在于，大多数的人们，仅仅会凭着当下个人表现出来的能力而对自己失去信心，不敢相信自己也可能有非凡的潜能。所有的自卑感、所有的失败都源于我们不够相信自己。如果我们对自己潜在的能力有一个更全面的了解，更信任自己，那么，就算还没有取得任何成就的人，也完全有可能获得更大的成功。如果我们对人类的潜力有更多的了解，我们定会有更强的自信。

每个人身上都有巨大的潜力没有开发出来，所以人能够不断地超越自己。美国学者詹姆斯据其研究成果说：普通人只发挥了人内蕴涵潜力的 1/10。与应当取得的成绩相比，我们不过是半醒着的，我们只利用了我们身心资源中很小的一部分。既然人人都有巨大的潜力，为什么实际生活中人与人却千差万别呢？这当然是由心理态度与努力程度不同所决定的，也和所受的教育和所处的环境不同有关。

有这样一个古老的故事：有一个很有威望的国王，他十分担忧自己唯一的儿子、王位继承人因为知道自己将成为国王而变成一个骄奢淫逸的年轻人，为了避免这种事情的发生，国王决定让王子在不知道自己的血统和未来将要继承王位的情况下长大成人。因此，在王子尚处幼年时期，国王便悄悄地将他送给了一对住在森林中的伐木工人夫妇，并嘱咐他们要像对待自己的孩子那样对待王子。国王和王后从此便再没有去看过王子，也没有同他们有过任何联系。除了伐木工人夫妇，谁都不知道王子的身世秘密，王子身上穿着同其他孩子一样的衣服，从小就学会了劳动和学习，努力做优秀的人。

一个从小在宫廷长大的孩子往往会因奢华的生活和包围在身边的谄媚而变得意志薄弱，这一切甚至会毁掉他的品质。然而小王子却过着极为简单朴素的生活，全然不知什么叫奢侈，什么叫阿谀奉承。最后，王子长成了一个高大健壮的毛头小伙子，一个马上要步入成年的意气风发的少年。这时，宫廷里派了一个信使来到伐木工人家里，要将王子带回皇宫，直到这时，王子才知道自己的亲生父母是谁。

大多数人都是那个生活在贫穷的伐木工人夫妇家里的小王

子，我们不知道自己是谁，不知道自己高贵的身份，不知道自己具有上天赋予的潜力。

我们压根就对自己潜在的超凡能力毫无察觉，而这种力量却一直等着我们去支配。人的本性就是追求目标，实现心愿。不论你的愿望是什么，只要你目标明确地想干成什么事，想成为什么样的人，你的大脑和神经系统就会源源不断地提供你所需要的信息，驱使你自觉地甚至是无意识地向着追求目标、实现愿望的方向运动。所以，我们可以相信，坚持心理上的积极的自我暗示，就会使自己变得自信主动，有生气、有活力、有创造性。

大千世界，芸芸众生，生来就智慧非凡的人毕竟是少数，通过后天努力而变得智慧的人却大有人在，这类人其实也并没有什么绝招，只是通过自己的努力，把自己的潜力挖掘出来而已。

做最好的自己

做最好的自己是我们每个人的梦想，但人生的道路上必然会经历欢乐与痛苦、幸福与磨难、平坦与坎坷。在人生旅途中，我们应该学会宽容与谅解。苛求完美，也许只能得到两败俱伤的结果。许多人穷其一生去追寻完美，却发现所谓的完美根本就没有什么意义。

曾有一个被劈去一小片的圆想要找回完整的自己，于是到处去寻找自己的碎片。由于自己是不完整的，所以滚动得很慢，从而有充裕的时间去领略沿途美丽的风景：盛开的鲜花，绿油油的小草，飘着朵朵白云的天空，清澈见底的湖泊……它和路边的鸟儿愉快地聊天，充分感受到了阳光的温暖。它找了很多不同的碎片，但都不是原来的那一块，于是它坚持继续寻找着。

直到有一天，它终于实现了自己的梦想，成为一个完美无缺的圆。可是由于滚动得太快，它错过了花开的时间，忽略了小鸟，也忘记了季节的变化。一天，它突然意识到虽然做到了完美的自己，但错过了身边的风景，于是它舍弃了历尽千辛万苦才找回的碎片。

这个故事告诉我们：虽然我们都不完美，但是我们却可以尽力做到最好。享受真实、快乐的自己，人生就是最好的。

最好的自己，是不会抱怨的自己，看着每天进步一点点的自己而感到自豪。无论做什么事情，我们都当作是为自己而做，这样就不会有怨言。想做的事努力去做，这个世界多姿多彩，每个人都有属于自己的位置，有自己的生活方式，有自己的幸福，何必去羡慕别人？安心享受自己的生活、享受自己的幸福，才是快乐之道。

你不可能什么都得到，你也不可能什么都会做，但是你只要得到你想要的，做你想做的，就是一件很完美的事。

也许你奔跑了一生，也没有到达目的地；也许你攀登了一生，也没有登上山顶。但是抵达终点的不一定是勇士，失败的也未必不是英雄。人生之路，无须苛求。一个出色的打牌者，他之所以出色，并不是因为他总能拿一手好牌，而是因为他能让手中所有的牌发挥最大的作用，用到最合适的地方。

不要因为看到别人的成功，心里就开始蠢蠢欲动，即使那样的成功看起来很美，但是你要想清楚，是不是适合你。有很多人，总是看不清自己的人生目标是什么，看着别人开公司当老板，就觉得那样好；看着别人当明星，觉得自己也去当明星好了；看着别人当官了，有权有势日子过得很安逸，又想去当官……每个人的一生都不尽相同，思想不同、意识不同、言行不同，所以构筑的人生风景也不同。

因为标准的不同，所以人们更加在意如何去判断哪种才是最好的，很多时候，人们总是不顾一切地去追求最好的，却忽略了，那个最好的，是不是源自自己的内心，是不是适合自己。

抛开形式，我们可以这样认为：适合自己，让自己感觉充实、快乐且有意义的，就是最好的。俗话说：条条大路通罗马，千万条路都可以到达同一个彼岸，路上的风景各有不同，你感觉适合你的，那一定就是最好的选择。

我们每个人是一个天然而成的自己，我们不应该拿别人的幸福作参照物。因为，每个人对每一件事物、每一天的生活都会有自己独特的感受。

一个男孩子出生在布拉格一个贫穷的犹太人家里。他的性格十分内向、懦弱，没有一点男子气概，非常敏感多愁，老是觉得周围环境都在对他产生压迫和威胁。防范和躲灾的想法在他心中可以说是根深蒂固，不可救药。

格局定结局

这个男孩的父亲竭力想把他培养成一个标准的男子汉，希望他具有风风火火、宁折不屈、刚毅勇敢的特征。

在自己父亲那粗暴、严厉且又很自负的斯巴达克似的培养下，他的性格不但没有变得刚烈勇敢，反而更加懦弱自卑，并从根本上丧失了自信心，致使生活中每一个细节、每一件小事，对他来说都是一个不大不小的灾难。他在困惑痛苦中长大，他整天都在察言观色。常独自躲在角落处悄悄咀嚼受到伤害的痛苦，小心翼翼地猜度着又会有什么样的伤害落到他的身上。看到他的那个样子，简直就没出息到了极点。

看来，懦弱、内向的他，确实是一场人生的悲剧，即使想要改变也改变不了的。他的父亲对他做过努力，但是最终看来已经毫无希望了。

然而，令人们始料未及的是，这个男孩后来成了二十世纪上半叶世界上最伟大的文学家，他就是奥地利的卡夫卡。

卡夫卡为什么会成功呢？因为他找到了合适自己的事，他内向、懦弱、多愁善感的性格，正好适宜从事文学创作。在这个他为自己营造的艺术王国中，在这个精神家园里，他的懦弱、悲观、消极等弱点，反倒使他对世界、生活、人生、命运有了更尖锐、敏感、深刻的认识。他以自己在生活中受到的压抑、苦闷为题材，开创了一个文学史上全新的艺术流派——意识流。他在作品中，把荒诞的世界、扭曲的观念、变形的人格，解剖得更加淋漓尽致，从而给世界留下了《变形记》《城堡》《审判》等许多不朽的巨著。

1904 年，卡夫卡开始发表小说，早期的作品颇受表现主义的影响。1912年的一个晚上，通宵写出短篇《判决》，从此建立自己独特的风格。生前共出版七本小说的单行本和集子，死后好友布劳德（Max Brod）违背他的遗言，替他整理遗稿，出版三部长篇小说（均未定稿），以及书信、日记，并替他立传。

后世的批评家，往往过分强调卡夫卡作品阴暗的一面，忽视其明朗、风趣的地方，米兰·昆德拉在《被背叛的遗嘱》中试图纠正这一点。其实据布劳德的回忆，卡夫卡喜欢在朋友面前朗读自己的作品，读到得意的段落时会忍俊不禁，自己大笑起来。卡夫卡他是一位用德语写作的业余作家，他与法国作家马赛尔·普鲁斯特，爱尔兰作家詹姆斯·乔伊斯并称为西方现代主义文学的先驱和大师。卡夫卡生前默默无闻，孤独地奋斗，随着时间的流逝，他的价值才逐渐为人们所认识，作品引起了世界的震动，并在世界范围内形成一股"卡夫卡"热，经久不衰。

卡夫卡一生的作品并不多，但对后世文学的影响却是极为深远的。美国诗人奥登认为："他与我们时代的关系最近似但丁、莎士比亚、歌德和他们时代的关系。"

一位西方哲人说过，成功是没有标准的。只要我们尽了我们的力量，发挥了所有的潜力，而且尽了所有的财力和物力。这样，即便结果不是最优秀的，仍不失为一种成功。成功并不意味着都是第一，结果在有的领域是主要的，而过程则有它的魅力之处。结果给人带来的快乐只是暂时的，而过程给我们带来的快乐的回忆则是无尽的和永恒的。

生活中，有人会觉得别人做的事情非常好，就不考虑自身的条件而去跟着别人做同样的事情，却屡屡失败。而最好的自己，不过就是穷极自己的所有，去做了自己想做的事，而且做得非常棒。

做个思路清晰的人

不必是智商极高的那些人，只要智商中等，加上思路清晰，就可以成为聪明人。而思路清晰的思考源于思考方法的正确使用。一个思路清晰的人，能够让头脑做出最大限度的运转，借着正确的判断做出高明的决策。每个人若想获得成功，就必须学会思路清晰的思考习惯。

如何令自己成为一名思路清晰的幸运儿呢？虽然思考的过程是相当复杂的，但它基本上可分成四个阶段。若能仔细研究这些步骤，判断力必能获得相当的改善。

1. 找出问题核心

开始时必须了解问题的症结所在，否则将无法深入问题核心。有些人常常在定势思维的老路子上徘徊，总也做不出决定，原因就是没有找到问题的症结所在。犹如一道简单的数学题，如果不了解题的目的，就无法解题。

一个简单的例子，如果有人因为靴子磨脚，不去找鞋匠而去看医生，这就是不会处理问题，没有找到问题的核心。从这一点我们就可以理解，为什么说去掉枝节、直捣核心是最重要的步骤。否则，问题的本身和影子会扭成一团而理不清楚。有了问题时，就该想想这个例子，一定要把握住问题的核心。能够找出问题的核心，并简洁地归纳总结出来，问题就已解决一大半了。

2. 分析全部事实

在了解到真正的问题核心后，就要设法收集相关的资料和信息，然后进行深入的研讨和比较。应该有科学家搞科研那样审慎的态度。解决问题必须采用科学的方法，做判断或做决定都必须以事实为基础，同时，从各个角度来分辨事理也是必不可少的。

例如，现在有一个简单的问题，为了解决这个问题需要在备忘录上列出两栏，一栏分别列出每一种解决方案的好处，另一栏列出各种方案的弊端，同时把相关的事项全部记入。之后，就可以比较利害得失，作出正确的判断了。

一旦有关资料都齐备后，要做出正确的决定就容易多了。收集相关资料，对于理性思考的产生非常重要。

3. 谨慎做出决定

在做完比较和判断之后，很多人往往马上就做出结论，但如果时间允许，最好暂缓下结论，试着以一天的时间把它丢在一边，暂时忘掉。也就是说，在对各项事实做好评估之后，要给大脑一个缓冲时间。人在仓促之中，容易遗漏一些重要信息，思路也容易在不知不觉之中陷入偏执。

4. 小型试验在先

思考方案在付诸实施之前，必须先做小型试验，以求通过实践检验出自己思考的正确与否。

不妨先对一两个人或两三种情况做试验，这样就能了解想法和事实有无出入。如有不符之处，要立即修正。

做到这个地步，基本就算妥当了。经过以上的步骤，事实的评价、拟定计划、小型试验等，然后就可导入最后的决定。这样在无形中，就形成了一次思路清晰的思考过程。

以勤补拙，笨鸟先飞

"笨鸟先飞""勤能补拙"是国人耳熟能详的老话，但自从走出学校进入了社会，这些话就不一定能经常听到了。

能承认自己有些"笨"和"拙"的人不会太多，能在进入社会之初即体会到自己"笨拙"的人就更少。大部分人都认为自己不是天才至少也是个干将，也都相信自己在接受社会几年的磨炼后，便可一飞冲天。但这是一个认识误区，能在短短几年即一飞冲天的人又能有几个呢？有的飞不起来，有的刚展翅就摔了下来，能真正飞起来的实在是少数中的少数。为什么呢？大多数人还是因为社会磨炼不够，能力不足。

所谓的"能力"包括了专业的知识、长远的规划以及处理问题的能力等要素，这并不是三两天就可培养起来的，但只要"勤"，才能很有效地提升这种能力。

"勤"就是勤学，在自己的工作岗位上，一个机会也不放弃地去学习。不仅需要自己去钻研，还要向有经验的人请教。

再有就是科学合理地安排好自己的作息时间，按计划行事，将自己的时间充分地利用起来，勤而不舍。如果你本身能力已在一般人水平之上，学习能力又很强，那么你的"勤"将很快使你在团体中发出亮光，为他人所注意。

另外一种"能力不足"的人是真的能力不足，也就是说，先天资质可能不如他人，学习能力也比别人差，这种人要和别人一较长短是辛苦的。这种人首先应在平时的自我反省中认清自己的能力，不要自我膨胀，迷失了自己。如果认识到自己能力上的不足，那么为了生存与发展，也只有"勤"能补救。若还每天痴心妄想，不要说一飞冲天，有可能连个饭碗都保不住哩！

对能力真的不足的人来说，"勤"便是付出比别人多好几倍的时间和精力来学习，不怕苦不怕难地学，兢兢业业地学，也只有这样，才能成为龟兔赛跑中的胜利者。

其实"勤"并不只是为了补拙，在一个团体里，工作中能表现出"勤"的人始终会为自己争来很多好处：

——塑造敬业的形象。当其他人当一天和尚撞一天钟时，你的敬业精神会成为旁人眼光的焦点，认为你是值得敬佩的。

——容易获得别人的谅解。当有错误发生，必须找个替罪羊时，一般人不大会找一个勤奋工作的人来顶替。当做错了事，一般人也不忍过多指责，总是会不忍地认为，已经那么认真了，偶然出点错有什么。

——容易获得老板的信任。当老板的人当然喜欢用勤奋的人，因为这样他比较可以放心，如果你的能力是真不足，但因为勤，老板还是愿意给予适当的机会，毕竟老板也知道"勤能补拙"，愿意"奖勤罚懒"。

业精于勤，荒于嬉。在通往成功的路上，曲折和坎坷是难免的，而不管多么聪明的人，要想从众多道路中取一捷径，都少不了一个"勤"字。所谓"书山有路勤为径，学海无涯苦作舟"，就是指读书与勤奋的关系。人生中任何一种成功和幸福的获取，大多都始于勤而成于勤。

养成每天学习的习惯

知识的迅速增长和更新，使人不得不在学习上付出更多的努力。经过苦苦探索，人们在"终身教育"问题上达成了共识，现在"终身教育"思想已经成为当代世界的一个重要教育思潮。今天，在世界范围内都响起了"不学习就死亡"的口号。

这样，学习就意味着是一个终身的过程，是现代人生命过程的一个重要组成部分。

任何一个人，不管他有多高的天资，有多高的文凭，都没有资格说："我已经不用学习了。"

我国古代金溪县有个人叫方仲永，当他五岁时，就能写诗作赋。人们指着什么事物叫他作诗，都当即写成，文采道理都有可取之处，被认为是神童。于是就有人请他父亲带方仲永去做客，并即席作诗，有的人还赠些银两。他父亲认为这有利可图，就天天拉着他去拜见县里的人，不叫他学习。在他 13 岁的时候，让他写诗已不能和以前的名声相称了。又过了七年，他已经默默无闻，和一般人一样了。

如此看来，即使神童也得不断学习，否则迟早一天会"神"不起来。

有一家大公司的总经理对前来应聘的大学毕业生说："你的文凭代表你受教育的程度，它的价值会体现在你的底薪上，但有效期只有 3 个月。要想在 6 我这里干下去，就必须知道你该继续学些什么东西。如果不知道学些什么新东西，你的文凭在我这里就会失效。"

美国商业顾问汤姆·彼得斯在《解放管理》一书中给学生们这样的忠告："记住：教育是通向成功的唯一途径，教育并不以你获得的最后一张文凭而中止。终身学习在一个以知识为基础的社会里是绝对必需的。你必须认真地接受教育，其他所有人也必须认真接受教育。教育是全球性经济中的'大竞赛'，如此而已。"

因此，教育（学习）的真正目的并不在于记忆、存储，或是学会运用某种特定技巧，而是在于具备终身学习的能力。

知识和才干的增长，不是一朝一夕的事，只有养成每天学习的习惯，才会有不菲的收获。美国人埃利胡·布里特 16 岁那年，他的父亲就离开了人世。于是，他不得不到本村的一个铁匠铺当学徒。每天，他都得在炼炉边工作 10 ~ 12 个小时。但是，这个勤奋的小伙子却一边拉着风箱，一边在脑海里紧张地进行着复杂的算术运算。他经常到伍斯特的图书馆阅览那里丰富的藏书。在他当时所记的日记中，就有这样的一些条目：

6月18日，星期一，头痛难忍，坚持看了40页的居维叶的《土壤论》、64页法语、11课时的冶金知识。

6月19日，星期二，看了60行的希伯来语、30行的丹麦语、10行的波希米亚语、9行的波兰语、15个星座的名字、10课时的冶金知识。

6月20日，星期三，看了25行希伯来语、8行叙利亚语、11课时的冶金知识。

终其一生，布里特精通了18门语言，掌握了32种方言。他被人尊称为"学识最为渊博的铁匠"，并名垂史册。

东晋初的《抱朴子》中曾这样说："周公这样至高无上的圣人，每天仍坚持读书百篇；孔子这样的天才，读书读到'韦编三编'；墨翟这样的大贤，出行时装载着成车的书；董仲舒名扬当世，仍闭门读书，三年不往园子里望一眼；倪宽带经耕耘，一边种田，一边读书；路温舒截蒲草抄书苦读；黄霸在狱中还从夏侯胜学习，宁越日夜勤读以求十五年完成他人三十年的学业……详读六经，研究百世，才知道没有知识是很可怜的。不学习而想求知，正如想求鱼而无网，心虽想而做不到。"

刘子又说："吴地产劲竹，没有箭头和羽毛成不了好箭；越土产利剑，但是没经过淬火和磨砺也是不行的；人性聪慧，但没有努力学习，必成不了大事。孔夫子临死之时，手里还拿着书；董仲舒弥留之际，口中还在不停诵读。他们这样的圣贤还这样好学不倦，何况常人怎可松懈怠惰呢？"

悬梁刺股、凿壁偷光、燃薪夜读、钻壁读书、编蒲抄书、负薪苦读、隔篱听讲、织帘诵书、映雪读书、囊萤苦读、韦编三编、手不释卷、发愤图强、闻鸡起舞……这些流芳百世的勤学苦读的典范和榜样，仍将激励后人，光照千古。

让我们作一个粗略的计算，按照中等阅读速度每分钟读400字，假如每天抽出15分钟的时间用于学习，可以读6000字；如果能够抽出30分钟，则可读1万字。即使只按15分钟计算，一个月下来你就看了18万字，一年下来就是200多万字，这差不多是3000多页的书；若按一本书20万字计算，每天读书15分钟，一年就可以读十多本书，这个数目已相当可观。

如果每天有1小时用于读书，能读24000字，一周7天读168000字，一个月可读720000字，一年的阅读量可达800000字，相当于20万字的书40多本。

威廉·奥斯罗爵士是美国当代最伟大的内科医生之一。他的杰出成就不仅在于他精深的专业知识和技能，而且因为他具备各方面的渊博知识。他非常重视提高自身文化素养，也很清楚要了解人类杰出成就的最好途径就是阅读前人留下的文字。但是，奥斯罗有着比别人大得多的困难。他不仅是工作繁忙的内科医生，同时，他还得任教、进行医学研究，除了少得可怜的吃饭、睡觉时间，他的大多数时间都浸泡在这三种工作中。

奥斯罗自有他的解决办法。他强迫自己每天必须读书15分钟，不管如何疲劳、难受，睡觉之前的15分钟必须用来看书。即使有时研究工作进行到夜间2点，他也会读到2点15

分。坚持一段时间后，他如果不读上 15 分钟就简直无法入睡。

在这种坚持下，奥斯罗读了数量相当可观的书籍。除了专业知识之外，他在其他方面的才学亦十分全面，这种趋于完美的知识结构使他能够充分发挥其他业余爱好，并皆有所成。

高尔基曾说："书籍是人类进步的阶梯。"对于这个"阶梯"的理解，应该是人们一生的经历有限，不可能每件事情都通过自己的行动来获得知识，那么就只能依靠书籍。书籍是人类知识的载体，它记录了人类千百年来的每一点进步。通过阅读不同的书籍，掌握各个时期、不同领域的知识，这就是读书的真理。一个没有书籍、杂志、报纸的家庭，是缺乏动力的。人们只有通过经常接触书本，才能对学习产生兴趣，才能在不知不觉中增长各种各样的知识，才能不与社会脱节。

第四章　大格局需要大付出

在《千与千寻》中，宫崎骏老师借人物之口说了这样一段话："不管前方的路有多苦，只要走的方向正确，不管多么崎岖不平，都比站在原地更接近幸福。"

任何事情，只有舍得付出，才有可能一点一点接近成功；只有竭尽所能地努力拼搏，你才有可能抵达自己梦想的远方。

敢于担当大任

　　一个有责任心的人，给他人的感觉是一个值得信赖与尊敬的人。而对于一个没有责任心的人，没有人愿意相信他、支持他、帮助他。

　　威尔逊是美国历史上一位伟大的总统，在这个高高在上的位置上，他深知自己的责任与义务，并且他还认为，做一些超出自己范围的事情总会得到更多的回报。他曾经说道："我发现，责任是与机会成正比的。"

　　有人说法国的戴高乐是个狂热的民族主义者，这是没错的。幼年的戴高乐在与兄弟们玩战争游戏时，总是坚定不移地由自己来充当法兰西一方。他坚持称"我的法兰西"，绝不准许任何人对其染指，甚至不惜为此与他的哥哥打得头破血流，直到他的哥哥无奈地承认："好了，我不和你争了，是你的法兰西，是你的。"或许这就是天意，日后果然是戴高乐担当了拯救法兰西民族危亡的大任。这也说不上是天意，因为戴高乐自小就始终以拯救法兰西为己任。

　　凡有所建树者，必有一种担当大任的责任感。古今中外，莫不如此。礼崩乐坏之时，孔子四处奔走，推行他的"大道"；民族多事之秋，班超毅然投笔从戎，立下不朽功业；五胡乱华之际，祖逖闻鸡起舞，自强不息；国家危亡在即，孙中山先生义无反顾，投身革命；周恩来在少年时就立下"为中华之崛起而读书"的大志，并于赴日留学前夕写下了"大江歌罢掉头东，邃密群科济世穷。面壁十年图破壁，难酬蹈海亦英雄"这一首振聋发聩的不朽诗作；毛泽东在青年时写下了"怅寥廓，问苍茫大地，谁主沉浮"的豪迈词句，用以抒发自己的以天下为己任的鸿鹄之志。

逝者如斯，这种担当大任的使命感却应让其得以代代相传。勇于担当大任，就是应该清楚地知道什么工作是自己必须做的，不需人强迫，不要人指使。"二战"初始，法国投降，剩下英军孤立无援地同纳粹德国作战。骄傲的德国人以为接下来他们的任务就是准备迎接"胜利"的到来。1940 年 7 月 19 日，希特勒在帝国国会作了长篇演说，先是对丘吉尔进行了一番痛快淋漓的臭骂，而后要求英国人民停止抵抗，并要求丘吉尔做出答复。而就在他的这番劝诫发出不到一个小时，英国广播公司就用一个简单的词作出了答复：

——NO！

后来丘吉尔回忆说，这个"NO"不是英国政府通知广播电台的，而是广播电台的一个播音员在收到希特勒的演讲后，自行决定播出的。丘吉尔从内心为他的人民感到骄傲。何止是丘吉尔，读过这个故事的每一个人，又有哪个不为这个敢当大任的播音员叫好？

责任就是对自己要去做的事情有一种爱。因为这种爱，所以责任本身就成了生命意义的一种体现，就能从中获得心灵的满足。

敢想不如敢干

在一些人生的重大关头的时候，我们常常听到这一样一句话："三思而行"，意思就是说，做出决定之前一定要考虑周全，反复权衡，最后才做出最有利于自己的决定。我们需要深思熟虑，但我们不要优柔寡断《论语？公冶长第五》中曾经说"季文子三思而后行。但是孔子听说后却说："再，斯可矣。"也就是说，季文子是一个三思而后行的人，好像很深谋远虑的样子，但是孔子却不以为然，孔子的看法是，想什么事情想两则就可以了，再多思考就落入优柔寡断了。

所以，做什么事情并非考虑越多越好，表面看起来考虑得多就会精细，但是如果过度的考虑，往往更会感知到事情的困难面，反而缩手缩脚，做不成事。有时候把复杂的事情简单化反而是解决问题的捷径，而想得太多，无法决断不但办不成事，反而致祸。

春申君做楚国宰相二十多年的时分，楚考烈王还没有子嗣，春申君为此很是焦急，想了很多方法，还是没能奏效。这时分有个叫李园的赵国人，想把美丽的妹妹进献给楚王，听到楚王不会生育，又怕妹妹今后失宠，就投靠了春申君，先将妹妹进献给春申君。

春申君非常宠幸李园的妹妹，没过多久，这女子便怀孕了。李园便与妹妹合计今后的布置，于是李园的妹妹趁机劝说春申君："楚王没有儿子，假如百年之后另立兄弟，你还会是相国吗？我如今怀有身孕，假如您趁机将我进给楚王，日后我若生下儿子，便是楚王，那到时分您便是楚王的亲生父亲，整个王国都是您的！"春申君完整同意她的意见。

于是春申君找了一个时机向楚考烈王引荐李园的妹妹李嫣，楚考烈王把李嫣召进宫来，一看果真美艳惊人，便收为嫔妃，溺爱有加。没多久，李嫣生了一个男孩，这男孩被立为太子，于是李嫣被封为王后，李园也被楚王重用，参与政事。李园不断怕春申君泄露太子生育的机密，就暗地里收购亡命之徒，想要杀死春申君来灭口。这件事连老百姓都有晓得内情的，只要春申君和楚王还蒙在鼓里。

楚考烈王二十六年（前239），春申君任宰相的第二十五年，楚考烈王病重。门客朱英对春申君说："世有毋望之福，又有毋望之祸。今君处毋望之世，事毋望之主，安能够无毋望之人乎？"意义是：世上有意想不到的福气，又有预料不到的灾害。往常您处在难以意料的世上，侍奉事难以意料的国君，又怎样能没有预料不到而来协助您的人呢？

春申君不解，朱英就解释说："您任楚国宰相二十多年了，固然名义上是宰相，实践上就是楚王。如今楚王病重，死在旦夕，您就要辅佐幼主，因此代他执掌国政，好像伊尹、周公一样，国君长大了再把政权还给他，这不就是您南面称王而占有楚国吗？这就是意想不到的福气。李园不掌政权却是您的仇敌，不治兵却早就在收购亡命之徒了。楚王一逝世，李园必定先入宫夺权并杀掉您来灭口。这就是预料不到灾害。"

春申君接着问道："什么是预料不到而来的人？"朱英答复说："您布置我做郎中，楚王一逝世，李园必定抢先入宫，我替您杀掉李园。这就是预料不到而来协助您的人。"春申君听了后说："您放弃这种想法吧。李园是个脆弱的人，我又和他很友好，况且又怎样能到这种地步呢！"朱英晓得本人的话不会被采用，惧怕灾害殃及本身，就逃离了。

十七天后，楚考烈王逝世，李园果真抢先入宫，让亡命之徒潜伏在宫门内。春申君一进入宫门，亡命之徒从两侧夹攻刺杀春申君，斩下他的头，把它抛到宫门之外。同时派官吏把春申君家满门抄斩。而李园的妹妹当初受春申君宠幸而怀孕、后又入宫得宠于楚考烈王所生的那个儿子就登位，这就是楚幽王。

楚幽王十年（前228），楚幽王捍卒，弟犹即立，是为楚哀王。两个月后，太后与春申君当年内情被公开披露，楚考烈王弟负刍以此为口实发起政变，杀哀王及太后，灭李园一家，自立为王。负刍王四年（前224），秦始皇派王翦率六十万大军平楚。负刍王五年（前223），负刍被俘。——春申君死后楚国大乱，仅仅16年，楚国沦亡！

在战国四公子中，春申君的结局是最为凄惨的。——一国之相，竟被小人控制，寿终正寝，抄家灭族，负了一世英名，为天下笑。为什么？

世界充满了不确定的因素，这些不确定就是风险。决策即是选择主动承担某种风险、规避另一种风险……做人做事拿不定主意，那是权衡不了风险。犹豫不决、优柔寡断、亦步亦趋、歧路彷徨、不知所措……这样做的人不知道，不决策是最大的风险。成功是由无数次失败组成的……做事不要优柔寡断，不要怕失败。不主动承担一种风险，面临的是承担所有风险！做人不要首鼠两端，不要怕犯错误，不犯错误，怎么知道哪是正确呢？

做人不要首鼠两端，做事不要优柔寡断，率性而行，真我展现，任山风吹破屋瓦，我心自岿然不动……是修炼。生活也绝不会可怜懦夫。相反，好运往往降落在那些笑对失败的勇者的头上。但凡历史上有所成就的伟大人物，都是笑着面对失败和挫折的。他们以乐观的精神战胜了使一般人畏惧不前的困难。

要点"一根筋"精神

从前，有一个人到沙漠里挖井，在烈日、飞沙折磨下，掘地十米，可是，比金子更宝贵的泉水并没有冒出来。在如此恶劣的环境里，他已经苦干了十天，使出了全力，他觉得已经没有力气继续挖掘下去，而且认为挖了十米，这里没有泉水，于是，抖抖灰尘，连铁镐也不要，径直回家了。

几天后，又来了一个挖井人，他在上述挖井人的基础上继续挖掘，他认为已经挖掘了这么深，再挖几米，应有会挖到谁了。果然，他再挖三尺，泉水就汩汩地冒出来。

只在功夫深，铁棒磨成针，但是常常是这样，我们自己为聪明，而从不喜欢干"傻事"。其实这样的聪明是小聪明，是大糊涂。人生没有一点执着，没有一点一根筋是根本办不成任何事情的。如果仅凭着自己的小聪明，只做举手之劳的事，而对于需要下苦功，流汗水的事，不是敷衍了事，就是想走捷径。哪有那么容易的事呢？"欲求生富贵，须下死功夫"，古人早有明训。

做任何一件事情都必须执着，一门心思地做下去，抱着不达目的不罢休的态度，不管这件事情有多么的困难，都会有成功的那么一天。这种想法谁都知道是正确的，但在真正执行的过程中，需要真正的耐心，恐怕只有那些一根筋的人才会做得更好。

在《阿甘正传》中，阿甘可以说是不折不扣的低智能人士，由于天赋的原因，他甚至连普通的小学都不能上，但是就是凭着他的执着劲，凭着他的一根筋。在校园里成为橄榄球明星；在丛林中他救出一个又一个战友，为了战斗英雄；在商业领域，他成为最成功的商人之一。甚至有一回，当他在美国东西海岸长跑的时候，一大群人追随着他，没人知道他为什么跑。有的人把他当作精神的象征，有的人把他当作人权的勇士。有个记者问他是为什么跑？是为了人权吗？为了环保吗？在很多人眼中，任何事情必须有一个目的，而且必须有一个高尚的目的，但是他们永远领略不到阿甘的纯粹。这也是阿甘能够心无旁骛，做好每一件事情的原因。人们认为阿甘是傻子，是一根筋，其实到底谁傻呢？

有时候，世情并不像我们想的那样难，最缺乏的往往是坚持。执着而坦然的做任何事情，总会带给我们意外的效果。比如：无盐是春秋时一个奇五无比的女人，长相落陋不堪，生得臼头深目，长指大节，卯鼻结喉，肥项少发，折腰出胸，皮肤如漆。令人望而却步，年过四十，不但流离失所，甚至无容身之处。她本来有个名字叫钟离春，因生得太丑，又出生在无盐，大家就都把她叫做"无盐"，反而忘记了她的本来姓名。

虽然生得丑，但她是一个聪明有远见的人。

春秋战国时代，兼并侵扰，此起彼落，用现在话说是"竞争激烈"，各国的"民本思想"就都十分盛行，一个黎民百姓，也可以毫无顾忌地求见国君，陈述自己的愿望，对国家施政方针提出建议。有一天，无盐也鼓足勇气，前往临淄求见齐宣王。

邻人得知她要见齐宣王，劝说道："你也不看看你的相子，最好别去，去了也被赶出来。"

无盐女说："我不但要去，还要成为齐宣王的夫人。"

对于她的想法，邻人嗤之以鼻。

无盐见到齐宣王，大言不惭地说："倾慕大王美德，愿执箕帚，听从差遣！"

齐宣王后宫国色天香的佳丽比比皆是，更不缺执役人等，听了无盐的话，看着眼前这个丑陋的女人，竟然异想天开，不自量力，禁不住哈哈大笑。

不料无盐却镇静自若，一本正经地连说："危险啊！危险啊！"

齐宣王半是玩笑半是认真地说："你说危险，那是什么啊？愿闻其详。"

于是无盐慢条斯理，侃侃道来："秦楚环伺齐国，虎视眈眈，而齐国内政不修，忠奸不辨，太子不立，众子不教，齐王你专务嬉戏，声色犬马，这是第一件可忧虑的事情；兴筑渐台，高耸入云，饰以彩缎丝绢，缀以黄金珠玉，玩物丧志，利令智昏，这是第二件可忧虑的事情；贤良逃匿山林，谄谀环伺左右，谏者不得通入，说论难得听闻，这是第三件可忧虑的事情；花天酒地，夜以继日，女乐绯优，充斥宫掖，外不修诸侯之礼，内不秉国家之治，这是第四件可忧虑的事情。危机四伏，已是危险之至！"

齐宣王首先还是要听不听，渐渐地目瞪口呆，无盐说完之后良久才虔敬地说道："得聆教言，犹如暮鼓晨钟，如果我今后还有一点点进步，皆君所赐。"

刹那之间，齐宣王一惊而悟，即刻下令拆除渐台，罢去女乐，斥退谄佞，摒弃浮华，然后励精图治，从此齐国国势蒸蒸日上。无盐也成了齐宣王的王后。

由此可见，没有这种做事一根筋，不达目的不罢休的心态，无盐女不会获得成功。在现实生活中，很多人缺少这种做事的心态，所以才会事事半途而废。所以，要想成大事，必须学习老粗做事一根筋的态度。

做人做事有一点"一根筋"，不按常人的思路前进，而是沉迷于一处，执迷不悟，一股劲地钻下去……这样的人，内心的激情象炉中的一团火，时常呼呼地燃烧着。所以，在常人看来，他们简直是异想天开的幻想家，甚至是疯子……大凡古今中外的成功者往往偏执。偏执的程度如何，也决定着成果的大小。顶级的成功者，往往是偏执狂。

英特尔的总裁安迪？格鲁夫在办公桌玻璃板下压了一张字条："唯有偏执狂才能生存"。这句话不仅是他的座右铭，更成为英特尔日常工作中不折不扣的格言。

当然，我们说做人要有一点"一根筋"，不等于刚愎自用，不等于一切以自我意识为主，不等于偏激、偏见狂和极端，指的是耐得住寂寞为信念前进的自律自信的坚持精神

逆水行舟，不进则退

清末学者梁启超在《莅山西票商欢迎会学说词》中说："夫旧而能守，斯亦已矣！然鄙人以为人之处于世也，如逆水行舟，不进则退。"他提到的是一种自然的现象。几是逆江而上的船只，如果动力不足，船不但不会前进，反而会向后退。因为江水是流动的，你很难和江水的速度保持一个平衡，所以一只在船在激动中几乎无法保持巩平衡，不是动力大，船往前进，就是动力小，船往后退。人生其实也一样。

我们都在追求美好的生活，可是世界总是在变化，生活也不会一成不变。我们就如一条小河行在人生的激流里，如果我们不去追求，安于现状，表面上我们没什么损失，实际上相对于世界来说，我们倒退了。体现在生活中最简单的一个道理：物价总在涨，如果你的事业带来的收益涨不过物价，即便你的

收入本身没有减少，甚至还有所增加，那你的生活质量也会降下来。在事业上也是如此，如果你不足够努力，在任何单位部门都抱着一种知足常乐的心态，那么，你周围的人将会超越你，而且没有任何人愿意坐下来等你。五年，十年，你曾经的下属如今变成了上司，也许你的职位没有变，但是你在公司的价值却倒退了下来。

逆水行舟用力撑，一篙松劲退千寻；古云此日足可惜，吾辈更应惜秒阴。

如果一个人总是裹足不前，就象王安石笔下的方仲永，即便天赋了得，但是不加强学习，他的才华就会逐渐倒退，最后泯然众人矣。人的一生充满了逆水行舟的道理。在困难面前你若怯懦，生活就会流水一样将你漂落下，停则退也。又好比箭在弦上，一发不可收势。在人生的舞台，我们要不断学习，不断充实自己，不断提升自己以迎接未来的种种挑战。而不知道这个道理，或许当你省悟的时候才发现岸离自己太远。

南朝的江淹，字文通，他年轻的时候，就成为一个鼎鼎有名的文学家，他的诗和文章在当时获得极高的评价。可是，当他年纪渐渐大了以后，他的文章不但没有以前写得好了，而且退步不少。他的诗写出来平淡无奇；而且提笔吟哦好久，依旧写不出一个字来，偶尔灵感来了；诗写出来了，但文句枯涩，内容 平淡得一无可取。于是就有人传说，有一次江淹乘船停在禅灵寺的河边，梦见一个自称叫张景阳的人；向他讨还一匹绸缎，他就从怀中掏出几尺绸缎还他。因此，他的文章以后便不精彩了。又有人传说；有一次江淹在冶亭中睡午觉；梦见一

个自称郭璞 的人，走到他的身边，向他索笔，对他说："文通兄，我有一支笔在你那儿已经很久了，现在应该可以还给我了吧！"江淹听了，就顺手从怀里取出一支五色笔来还他。据说从此以后，江淹就文思枯竭，再也写不出什么好的文章了。

其实并不是江淹的才华已经用完了，而是他当官以后，一方面由于政务繁忙，另一方面也由于仕途得意，无需自己动笔，劳心费力，就不再动笔了。久而久之，文章自然会逐渐逊色，缺乏才气。

袁绍死后，其子袁谭、袁尚兄弟二人发生内讧，以致兵戎相见。袁谭兵败，派人来假意归附曹操，并约曹操一同攻打袁尚，然后自己再于中取事。此时，曹操正在率领大军讨伐刘表。是继续征讨刘表，还是舍刘表去帮袁谭进攻袁尚，曹操的谋士们意见不一。谋士荀攸说："刘表胸无大志，坐保荆州，安于现状，不思进取。袁氏兄弟拥有军队几十万人，倘若二袁同心协力，以后是谁的天下还说不清楚呢！现在正好趁他们兄弟失和，先打败袁尚，再消灭袁谭，则我们统一北方、扫平天下就具备了坚实的基础。机遇难得，千万不可以丧失啊！"曹操觉得荀攸讲得在理，就从荆州撤兵北去冀州攻打二袁。

曹操统兵北去后，刘备连忙从新野赶到荆州，他对刘表说："曹操大军进攻冀州去了，许都是一座不设防的空城，如果我们荆州大军进攻许都，一定会成就一番大事业。"刘表回答说："我拥有荆州九郡，已经十分知足了，哪里还有其他奢求呢？"后来，曹操平定了北方，就率领得胜之兵大举南下，迅速占领了荆州。

格局定结局

在烽烟四起的三国时代，一着不慎身败名裂，可以说是一个危机四伏的年代，生存竞争又是何等激烈？但是，就有人不识大体，不团结，勾结敌人进攻自己的兄长。而另一些人却满足于眼前的成就，连他的对手都看不起他。这些人最后都成了历史的淘汰者。这也不知道逆水行舟的道理所致吧。

人生如逆水行舟，不进则退。运动是绝对的、永恒的；静止是相对的、暂时的。先哲说，人不可能两次踏进同一条河流。当今世界，变化之大，变化之快，远远超出人们的想象。在这飞速变化的世界里，优胜劣汰、适者生存成为铁律。竞争、竞争、竞争，这是时代的最强音。每一个人，不管你愿意不愿意，自觉不自觉，都毫无例外地置身于竞争的氛围之中。面对竞争，有的人努力拼搏，迎接挑战；有的人安于现状，不思进取；有的人畏首畏尾，诚惶诚恐；还有的人麻木不仁，无动于衷。特别是那些安于现状的人，自认为基础不错，优势不少，自我感觉良好，安心安意睡大觉。结果一觉醒来，已被别人远远地甩在后面，再怎么追也追不上去了。不进则退，慢进也是退。别人在加速前进，你原地不动，或者小步前进，相对别人就是在退步，你就迟早会被淘汰出局。

人生也如棋局，一着不慎满盘皆输。但是，象棋里过了河的小卒，虽然很不起眼，一次也只能走一步，可是，在那么多棋子里，只有它是不能后退的！它天生的使命就是前进，前进！即使死也在所不惜。我们的一生何其短暂，如果都有过了河的卒子般的勇气，总有一天，我们会对着帅吼出一生最荡气回肠的声音："将！"

　　历史不能由铅笔书写，写错了不是可以用橡皮擦得掉的，因此每个人都应设计好自己的人生！无论你从事哪一种行业，身处何等境域之中，如果你不要求进步，不愿付出努力，最终你一定会被淘汰。物竞天择，适者生存。

不找借口，找方法

　　在这个世界上，最容易做的事，大概就是找借口了。

　　我个子太矮，所以没有女孩子喜欢；

　　我没有本钱，所以赚不到大钱；

　　我没有靠山，所以升迁不上去；

　　我学历太低，所以找不到工作；

　　……

　　实在没有借口，我们甚至还能说：我命不好。生活中，总有不少人把看不见摸不着的命运拿来作为自己"没有办法"的借口。

　　所有的问题，无论是大是小，都可以毫不费力地找个借口，然后轻描淡写地把它"扔"掉。于是，我们可以心安理得，可以安于现状，可以为自己解脱。就像狐狸吃不着葡萄，它就找出一个美丽的借口——葡萄是酸的，非常轻易地把问题给"解决"了。然而，借口好找，存在的问题却始终还在。很多人都讥笑狐狸的可怜，但自己其实也在有意无意中扮演着一只找借口的狐狸。

格局定结局

临近年关，某出版社发行部又开始为回款问题而忙碌。在发行员老张负责的区域里，有一家民营书店经营不善，有倒闭的迹象。老张对这家书店采取断货措施已经有半年多的时间了，其间一直不停地追款，总算将20多万书款中的10余万追回，几经艰难的围追堵截，书店老板终于又开出了一张10万元的现金支票。

老张高高兴兴地拿着支票到银行取钱，结果却被告知，账上只有99960元。老张连忙打书店老板的手机，老板不接；发信息，也不见回复。看来中了书店的招了，书店老板欲用空头支票将货款继续拖欠。空头支票是要挨银行罚款的，一般是票面金额的5%，屡次签发的银行还会停止其签发支票的权利。所以这种玩儿法正经的商家一般是不玩儿的，但特殊时候也不排除偶尔使一使。

第二天就要放春节长假了，老张如果再不及时拿到钱，来年的问题就更难以预料了。要是书店真的关张，这货款要回笼将是非常难的。怎么办？

老张坐在银行仔细想了一会儿，之后打了一个电话给发行部经理，先汇报了事情的经过，然后要求经理想办法找个名目立刻汇款50元到书店开出的支票账号上，以凑齐账号上的10万元，由自己取出10万货款再说。

很快，经理就将事情办妥。老张手里10万元的现金支票终于得以兑现。

老张在现金到手后，发了一个简短的信息给书店老板。大意是：您的账上现金不够，我一直联系不上您，为了避免您被银行罚款，我想办法帮您凑齐了尾数。再就是感谢与祝福之类的话。总之，这件事情做得两面油光。

很少有问题能够自行消失的，遇到问题就逃避的人，如同鸵鸟将头埋在沙子中一样愚蠢。而且，问题在很多时候还会因为不处理而继续恶化。老张这个精彩的讨账故事，告诉我们一个道理：方法总比问题多。在问题面前，我们不要总是想找借口，要积极地想办法。只要将思考的方向朝着解决的正面挺进，或许一盘死棋也可能会活起来。

要做问题的杀手，否则问题就会成了灭掉你的杀手。问题并不可怕，一个真正自信、想提升自己的人，不仅不会躲避问题，而且还会欢迎问题的出现，挑战问题，解决问题。其实人的一生就是一个不断地解决问题的过程。在这个过程中，我们将问题踩在脚下，垒高了自己。

哈佛刚毕业的女大学生菲娜到一家公司应聘财务会计工作，面试时即遭到拒绝，因为她太年轻，公司需要的是有丰富工作经验的资深会计人员。菲娜却没有气馁，她一再请求主考官说："请再给我一次机会，让我参加完笔试。"主考官拗不过她，答应了她的请求。结果，她通过了笔试，由人事部经理亲自复试。

人事部经理对菲娜颇有好感，因她的笔试成绩很好。不过，菲娜的话让经理有些失望，菲娜说自己没有工作过，唯一的经验只是在学校掌管过学生会的财务。他们不愿找一个没有工作经验的人做财务会计。人事部经理只好敷衍道："今天就到这里，如果有消息我会打电话通知你。"

菲娜从座位上站起来，向人事部经理点点头，从口袋里掏出1美元双手递给人事部经理："不管是否录取，请都给我打个电话。"

人事部经理从未见过这种情况，竟一下子呆住了。不过他很快回过神来，问："你怎么知道我不给没有录用的人打电话？"

"您刚才说有消息就打，那言下之意就是没有录取就不打了。"

人事部经理对年轻的菲娜产生了浓厚的兴趣，问："如果你没被录用，你想从我的电话中知道些什么呢？"

"请告诉我，在什么地方我不能达到你们的要求，我在哪方面不够好，我好在下一次加以改进。"

"那么1美元……"

没等人事部经理说完，菲娜微笑着解释道："给没有被录用的人打电话不属于公司的正常开支，所以由我付电话费，请您一定打。"

人事部经理马上微笑着说："请你把1美元收回。我不会打电话了，我现在就正式通知你，你被录用了。"

菲娜在求职过程中，几个几乎无解的问题一再拦住她，她完全可以有很体面的借口安慰自己退出来。但她没有，她不找借口，专找解决问题的方法。可以这样说：一个人解决问题的水平有多高，他的生存能力就有多大！

查尔斯·克德林是美国著名的工程师和发明家。他在通用汽车公司实验室的墙上挂了一块牌子，上面写着："别把你的成功带给我，因为它会使我软弱；请把你没有解决的问题交给我，因为这样才能增强我。"

借口是一剂心灵鸦片，让人在虚幻当中心安理得。成功人士从来不找借口失败，只找方法成功。

解决问题的基本步骤

世界是丰富多彩和变化不定的，但却是井然有序的。与之相应，在人类社会的发展过程中，也呈现着一种从无序到有序的趋向。生活中的问题管理也不例外。而且正是这种规律性使得我们的努力成为可能，使我们对问题管理的探讨成为一件有意义的事情。

每个人都有可能把自己训练成为一名问题管理的高手。虽然不同的问题解决的方法千差万别，但它基本上可分为三步走。若能仔细研究这些步骤，判断力必能获得相当的改善。

第一步：找出问题的症结

朋友小赵在最近一年中被家庭入不敷出的问题搞得焦头烂额。他在一家化工精密仪表公司做业务员，年收入约十万元左右，妻子自他们结婚后一直做全职太太。按说家庭年收入十万元，在北京生活也可以基本达到小康水平，不至于陷入财务困境。但他们在财务危机面前的应对措施失当，致使他们在家庭经济上出了问题。

问题的缘由是他们一年前新添了一个小宝宝，宝宝的身体

格局定结局

一直不大好，大病倒是没有，小病却是不断。小赵一家八九千元的月收入，还了四千元房贷后的余款几乎全花在小孩身上。就这样，他们家庭第一次出现了财务危机。

陷入财务危机的夫妻俩，首先想到的当然是借钱渡过难关。但借钱只能解决燃眉之急，于是他们又想到了节省开支，在孩子满一百天后，他们把聘请的保姆辞退，这样每月可以节省800元的工资支出。辞了保姆之后，小赵下班后要做很多家务事，上班时也常常需要请假帮妻子带孩子去儿童医院——而这些事，原来都是保姆可以做的。

小赵夫妻很希望迅速摆脱财务危机，但事与愿违。自从辞退保姆后，小赵因为将大量的精力与时间花在家庭事务上，结果工资收入一个月比一个月少——他的收入主要来自业务提成。一年之后，满了周岁的孩子身体强壮了很多，基本上不生病了，但小赵此时的月收入连四千元都不到了。他们在经济危机中越陷越深。

小赵这时才如梦初醒，非常后悔当时用辞退保姆的方式来应对财务危机。他光想到"节流"，却没有想到自己"节"了小"流"，误了大"流"，因为节省了每月数百元的小钱，把自己每月近万元的收入也"节"掉了一大半！

小赵在身处财务危机时，并没有找出问题的症结，导致了因小失大，结果在危机中越陷越深。

一个简单的例子，如果有人因为鞋子磨脚，不去找鞋匠而去看医生，这就是不会处理问题，没有找到解决问题的关键所在。从这里我们可以理解，为什么说彻底分析问题症结和寻找正确的解决方法才是最重要的步骤。否则，问题症结的本身和不当的解决方法会扭成一团而理不清楚，让你在旧的问题上还未处理好，新的问题又不断发生。当你在工作与生活中遇到问题时，应该想想这个例子，一定要把握住解决问题的核心所在。能够找出解决问题的核心所在，并能逐步使它得以实现，问题就已经解决一大半了。

再回到我们前述的例子。小赵当时若将解决家庭经济危机的重心放在"开源"而不是靠辞退保姆的简单"节流"上，努力地工作，争取更多的收入——或者与以往持平，其财务问题都不会演变到后来那么糟糕。

第二步：分析问题症结

一个士兵开着一辆带帆布顶篷的卡车，在行军时不慎受困于一个深深的泥坑。

正当这个士兵左冲右突都无法脱离泥坑时，一队轿车从旁边驶过。看到这辆陷入困境的卡车，车队立即停了下来，一位身着红色佩带的将军从8辆汽车的头一辆中走了出来，向士兵走过去。

"遇到麻烦了？"

"是的，将军先生。"

"车陷住了？"

"陷在泥坑里，将军先生。"

这位将军仔细地观察了一下，这时，他想起新颁发的一项要求加强官兵之间战友情的命令，于是，他决定身体力行地给大家做个榜样。

"注意了!"他拍拍手用命令的口气高声叫喊着,"全体下车!军官先生们请过来!我们让士兵先生的卡车重新跑起来!干活吧,先生们!"

从 8 辆汽车里钻出几乎整整一个司令部的军官——少校、上尉,一个个穿着整洁的军服。他们同将军一起埋头猛干起来,又推又拉,又扛又抬。就这样干了十多分钟,汽车才从泥坑中开出来停在道路边准备上路。

我们可以想象当这些军官穿着满是泥污的军服钻进汽车时,他们的样子是何等的狼狈,而他们在心里又是怎样诅咒这道命令。将军最后一个上车,在上车之前他洋洋自得地走到士兵面前,边掸着手上的泥边微笑着问道:

"对我们还满意吗?"

"是的,将军先生!"

"让我看看,您的车上装了些什么?"

将军拉开篷布,他惊讶地看到,在车厢里坐着整整 18 个年轻力壮的士兵。

解决问题时,很多人都喜欢"跟着感觉走",并不愿花精力去了解更多与之相关的实际情况,结果不是花了大力气办了小事情,就是把事情越弄越糟。

在寻找真正地解决问题的方法时,要设法收集与问题相关的资料和信息,然后要进行深入的分析和分解。应该有科学家搞科研那样的审慎态度。解决问题必须采用能从根本上解决的、有实效的方法,做出判断或做出决定都必须以问题真正得以解决为基础,同时,从各个角度来分析解决后的问题,是不是不再导致新的问题产生，这一步也是必不可少的。

一旦解决问题的方法提出后，要落实这个方案，防止产生新问题就容易多了。分析问题的症结，对于理性思考的产生是非常重要的。

第三步：谨慎做出选择

人对事物的认识总会受到时间、空间的局限，而我们面对的是变化的、运动着的世界，因此，在解决问题时，我们仍然会遇到因考虑不周、鲁莽行动而造成损失的情况，所以我们遇事要"三思而后行"。要知道，在解决老问题时会产生许多新问题，很多时候都是冲动、未经深思熟虑的结果。

冲动情绪往往是由于对问题及其利弊关系缺乏周密思考引起的，在遇到与自己的主观意向发生冲突的事情时，若能先冷静地想一想，不仓促行事，就不会冲动起来，事情的结果也就会大不一样了。

石达开是太平天国首批"封王"中最年轻的军事将领，在太平天国金田起义之后向金陵进军的途中，石达开一直为开路先锋，他逢山开路，遇水搭桥，攻城夺镇，所向披靡，号称"石敢当"，功劳着实不小。太平天国建都天京后，他同杨秀清、韦昌辉等同为洪秀全的重要辅臣。后来又在西征战场上，大败湘军，迫使曾国藩又气又羞又急，欲投水寻死。在"天京事变"中，他又支持洪秀全平定韦昌辉的叛乱，成为洪秀全的首辅大臣。

但是，在这之后不久，石达开却独自率领 20 万大军出走天京，与洪秀全分手，最后在大渡河全军覆灭，他本人亦惨遭清军骆秉章凌迟。石达开出走和失败的历史是鲁莽冲动解决问题的体现，足以使后人深思。

1857年6月2日，石达开率部由天京雨花台向安庆进军，出走的原因据石达开的布告中说，是因"圣君"不明，即责怪洪秀全用频繁的诏旨，来牵制他的行动，并对他"重重生疑虑"，以致发展到有加害石达开之意，这就使二人之间的矛盾白热化了。他应该如何解决这个问题呢？

当时面对这一日益尖锐的矛盾有三种解决问题的办法可行：一种解决问题的办法是石达开委曲求全，这在当时已不可能，心胸狭窄的洪秀全已不能宽容石达开；一种是急流勇退，挂印弃官来消除洪秀全对他的疑惑，这也很难，当时形势已近水火，如果石达开真要解甲归田的话恐怕连性命都难保；第三种是诛洪自代。谋士张遂谋曾经提醒石达开吸取刘邦诛韩信的教训，面对险境，应该推翻洪秀全的统治，自立为王。

按当时的实际情况看，第三种解决问题的办法应该是较好的出路，因为形势的发展实际上已摒弃了像洪秀全那样心地狭隘的领袖，需要一个像石达开那样的新的领袖来维系。但是，石达开的弱点就是封建传统的"忠君思想"，他讲仁慈、信义，他对谋士的回答是"予唯知效忠天王，守其臣节"。

因此，石达开认为率部出走才是其解决问题的最佳方案。这样既可打着太平天国的旗号，进行从事推翻清朝的活动，又可避开和洪秀全的矛盾。而石达开率大军到安庆后，如果按照原来"分而不裂"的初衷，本可以此作为根据地，向周围扩充。安庆离南京不远，还可以互相支援，减轻清军对天京的压力，又不会失去石达开原在天京军民心目中的地位。这本是石达开完全可以做到的。但是，石达开却没有这样做，而是下决心和洪秀全分道扬镳，彻底分裂，舍近而求远，独去四川自立门户。

历史证明这一决策完全错误，石达开虽拥有 20 万大军，英勇决战江西、浙江、福建等 12 个省，震撼了半个中国，历时 7 年，表现出高度的坚韧性，但在最后仍免不了一败涂地。

1863 年 6 月 11 日，石达开部被清军围困在利济堡，石达开决定用自己一人之生命换取部队的安全，这又是他解决问题方法的失误。当军中部属知道主帅"决心投降"时，已溃不成军了。此时，清军又采取措施，把石达开及其部属押送过河，而把他和 2000 多解甲的战士分开。这一举动，顿使石达开猛醒过来，他意识到诈降计太拙劣了，暗自悔恨，可惜为时已晚。

回顾石达开的失败，主要是这个人在解决问题的方法上不断产生的失误。他冲动鲁莽的行动，决定了他在解决问题时，无法找到有效的解决问题的方法。

当我们在寻找彻底有效的解决问题的方法时，常会犯一个老毛病，就是"自不量力"地做一些吃力不讨好，甚至"赔了夫人又折兵"的事情。因此，在选择解决问题的方案时，首先，应先问问自己做这个方案到底能达到什么样的效果？对彻底解决问题有什么帮助？如果按此方案执行会产生何种后果？这样才能促使你三思而后行，避免冲动。其次，遇有突发问题时要锻炼自制力，尽力做到处变不惊、静以待动，不要遇到矛盾就以"兵戎相见"，像个"易燃品"，见火就着。倘若你是个"急性子",更应学会自我控制,遇事时要学会将问题"热处理"变为"冷处理",考虑过各种解决方案的利弊得失后再作出选择。

一个又一个的问题接踵而至,阻碍我们前行。一个不善于解决问题的人,本身就成为一个问题。

唯有埋头,才能出头

"努力"是每个人都不能回避的,因为成功的确需要努力。

全世界最伟大的篮球运动员迈克尔·乔丹在率领公牛队获得两次三连冠后,毅然决定退出篮坛,因为他已经得到世界上篮球运动史中最多的个人光荣纪录与团队纪录,成为20世纪最伟大的体坛运动员。

在退休后,他说:"我成功了!因为我比任何人都努力。"

乔丹不只比任何人都努力,在他已经是最顶尖的时候,他还逼自己更努力,不断要突破自己的极限与纪录。

在公牛队练球的时候,他的练习时间比任何人都长,据说他除了睡觉时间之外,一天只休息两个小时,剩下时间全部练球。

有的篮球运动员经常在罚球的时候投不进球,于是,对手就不断运用策略在他身上犯规。如果他每天也像乔丹一样只休息两个小时,其余时间全部站在罚球线练球增加自己的准确度,这样持续一年下来,他罚球的能力定会提高。

古人云："唯有埋头，才能出头。"种子如不经过在坚硬的泥土中挣扎奋斗的过程，它将只是一粒干瘪的种子，而永远不能发芽成长成一株大树。

许多有抱负的人大多忽略了积少成多的道理，一心只想一鸣惊人，而不去做埋头耕耘的工作。等到忽然有一天，他看见比自己开始晚的，比自己天资差的，都已经有了可观的收获，他才惊觉到在自己这片园地上还是一无所有。这时他才明白，不是上天没有给他理想或志愿，而是他一心只等待丰收，可是忘了辛勤耕耘。

饭要一口一口吃，事要一件一件做。

"九层之台，起于垒土。"一砖一木垒起来的楼房才有基础，一步一个脚印才能走出一条成形的道路。

在 1984 年 5 月 10 日香港报业工会举办的"1983 年最佳记者"比赛中，香港《快报》记者曹慧燕夺得了三项"最佳记者"的金牌。曹慧燕为什么能在这个对她来说还很陌生的环境中取得成就呢？除了刻苦顽强的努力外，主要是她善于从小块文章写起。她在香港白天上工，晚上自修英语，并利用业余时间写些杂感式的小文章，试着向报纸投稿。第一篇小文章在香港《明报》"大家谈"专栏上刊出后，她受到很大鼓舞。于是更专注于这种"小成果"的努力。后来她进入《中报》，搞香港报馆中地位最低、工资也很少的校对工作。在校对的同时，《中报》为她和她的一位同事开辟了一个名为《大城小景》的专栏，让他们每天撰写一篇短文。正是每天 800 字的专栏稿，磨炼了她的笔锋，活跃了她的思想，为她以后的成功奠定了坚实的基础。

如果将一个人的追求目标比作一座高楼大厦的顶楼，那么一级一级的阶段性的目标就是层层阶梯。这个比喻看来太浅显了，但不少人却忽视了这一循序渐进的"阶梯原则"。高尔基在同青年作家的谈话中说："开头就写大部头的长篇小说，是一个非常笨拙的办法。学习写作应该从短篇小说入手，西欧和我国所有最杰出的作家几乎都是这样做的。因为短篇小说用字精炼，材料容易安排、情节清楚、主题明确。我曾劝一位有才能的文学家暂时不要写长篇，先学写短篇再说，他却回答说：'不，短篇小说这个形式太困难。'这等于说：制造大炮比制造手枪更简便些。"

高尔基讲的就是循序渐进、一步一个脚印的道理。建造一幢大楼，要从一砖一瓦开始；绳锯木断、水滴石穿就在于点点滴滴的积累。阶段性目标虽然慢，却始终向上攀登，而每个小目标的胜利总给人鼓舞，使人获得锻炼、增长才干。

台湾作家郭泰所著《智囊100》中讲了一个有趣的故事：有个小孩在草地上发现了一个蛹。他捡回家，要看蛹如何羽化成蝴蝶。过了几天，蛹上出现了一道小裂缝，里面的蝴蝶挣扎了好几个小时，身体似乎被什么东西卡住了——一直出不来。小孩子不忍，心想："我必须助它一臂之力。"所以，他拿起剪刀把蛹剪开，帮助蝴蝶脱蛹而出。但是蝴蝶的身躯臃肿，翅膀干瘪，根本飞不起来。这只蝴蝶注定要拖着笨拙的身子与不能丰满的翅膀爬行一生，永远无法飞翔了。

这个故事说明了一个道理，每一个事物的成长都有个瓜熟蒂落、水到渠成的过程。这一过程也就是一步一个脚印的过程。相反，欲速则不达。

　　远在半个世纪以前，美国洛杉矶郊区有个没有见过世面的孩子，他才15岁，却拟了个题为《一生的志愿》的表格，表上列着："到尼罗河、亚马逊河和刚果河探险，登上珠穆朗玛峰、乞力马扎罗山和麦特荷恩山，驾驭大象、骆驼、鸵鸟和野马，探访马可·波罗和亚历山大一世走过的路，主演一部'人猿泰山'那样的电影，驾驶飞行器起飞降落，读完莎士比亚、柏拉图和亚里士多德的著作，谱一部乐曲，写一本书，游览全世界的每一个国家，结婚生孩子，参观月球……"他把每一项都编了号，一共有127个目标。

　　当他把梦想庄严地写在纸上之后，他就开始循序渐进地实行。16岁那年，他和父亲到佐治亚州的奥克费诺基大沼泽和佛罗里达州的埃弗洛莱兹探险。从这时起，他按计划逐个逐个地实现了自己的目标，49岁时，他已经完成了127个目标中的106个。这个美国人叫约翰·戈达德。他获得了一个探险家所能享有的荣誉。前些年，他仍在不辞艰苦地努力实现包括游览长城（第49号）及参观月球（第125号）等目标。

吃不了苦的人做不成事

　　痛苦是一架梯子，对于强者来说，它通向成功的殿堂，对于弱者来说，它则通向黑暗的地狱。

格局定结局

在这个世界上，没有人喜欢痛苦。然而，人生就是痛苦和幸福的综合体，每一个人都摆脱不了痛苦。痛苦是一种折磨，同时又是一种力量。舒适、悠闲远不如坎坷与磨难更能锻炼人，更能发挥人的长处。痛苦造就人的禀赋，痛苦也磨炼人的禀赋，痛苦更能教人靠耐心和韧劲，从苦难之海中顽强跋涉出来。

在报纸上看到这么一则新闻：美国巴拉马州有一个 12 岁的小男孩，他的名字叫作杰森，在他 10 岁的时候患了脑癌，已经动过三次大手术并进行了数十次电疗。主治医生认为他的病情不容乐观，但是杰森却勇敢面对他的绝症。他喜欢画画，即使在病床上，他也坚持作画，他的作品曾经数次获得全国大奖。为了在生前开第一次也许是最后一次个人画展，他每天都抽出 4 个小时绘画。他说："我一定要坚持活下去。贝多芬不是在耳聋后，仍创作出美妙的《月光曲》吗？"

经过多次化疗后，杰森的视力持续衰退，耳朵开始溃烂，但是他的画展依然如期开幕了。杰森因为手术无法亲临现场，只能请一位同学代念了一封他写的信。他在信中是这么说的："我会好起来的，我相信我一定会好起来的。痛苦虽然很可怕，但我现在已经学会习惯它了。正是痛苦让我知道了人生的宝贵，我将努力珍惜以后的时光。"

勇敢的杰森已开过三次刀，都是直接在脑袋上开刀。他在第三次手术时，主动要求不要麻醉药，因为癌症带来的痛苦远超过开刀的痛苦。

面对坚强的杰森，不由得让人肃然起敬。人，一旦超越了痛苦，痛苦就不再是牵绊，而是一种伟大的力量。

痛苦，是一把成长的钥匙，让你迅速成长；

痛苦，是飞翔的翅膀，让你更接近梦想；

痛苦，是人生的催化剂，让你更有力量；

痛苦，是一扇通往智慧的门，将人带入心灵的殿堂，

痛苦，是一个炼钢的火炉，让你更加刚强；

高尔基一生历经坎坷，吃了不少苦，也收获了不少人生阅历，充实的人生经历为他的成就打下了基础。回顾往事的时候，高尔基说道："一个人如果没有他吃不了的苦，那么就没有他做不成的事情。"人如果能正视苦难，是一种人生的豪迈。善待苦难，苦中作乐，是一种人生的乐趣！

屡败屡战，超越苦难

美国历史上有一位叫亨利·威尔逊的副总统，他出生在一个贫困的家庭里。当他还在摇篮里时，贫穷就已经露出了狰狞的面孔。他深深地体会到，当他向母亲要一片面包而她手中什么也没有时是什么样的滋味。

他在 10 岁时就离开了家，当了 11 年的学徒工，每年可以接受一个月的学校教育，最后，在 11 年的艰辛工作之后，他得到了一头牛和六只绵羊的报酬。他把它们换成了 84 美元。从出生一直到 21 岁那年为止，他从来没有在娱乐上花过一个美元，每一个美元都是经过精心算计的。他完全知道拖着疲惫

的脚步在漫无尽头的盘山路上行走是一种怎样的痛苦感觉……

在这样的穷途困境中，威尔逊先生下定决心，不让任何一个发展自我、提升自我的机会溜走。很少有人能像他一样深刻地理解闲暇时光的价值。他像抓住黄金一样紧紧地抓住了零星的时间，不让一分一秒的时间无所作为地从指缝间流走。

在他 21 岁之前，他已经设法读了 1000 本好书——想一想看，对一个农场里的孩子来说，这是多么艰巨的任务啊！在离开农场之后，他徒步到 100 英里之外的马萨诸塞州的内蒂克去学习皮匠。他风尘仆仆地经过了波士顿，在那里他可以看见邦克·希尔纪念碑和其他历史名胜。整个旅行只花费了他一美元六美分。一年之后，他已经在内蒂克的一个辩论俱乐部脱颖而出，成为其中的佼佼者了。后来，他在的议会发表了著名的反对奴隶制度的演说，此时，他来到马萨诸塞州还不到 8 年。12 年之后，这位曾经的农场穷小子终于凭借着多年来自己不懈的努力，熬出了头，进入了国会。

美国第 16 任总统亚伯拉罕·林肯（1809－1865），是美国最伟大的总统之一，是一个从种种不幸、苦难中走出来的坚强的人。从一个农民成长为一个总统，林肯付出了常人难以想象的代价……但是他从未停止前进，他以自己独特的领导方式，保全了美国，解放了黑奴，成为美国最伟大的总统之一。有人曾为林肯做过统计，说他一生只成功过 3 次，但失败过 35 次，不过第 3 次成功使他当上了美国总统。事实也的确如此。而最终使他得到命运的第三次垂青，或者说争取到第三次成功的，完全是他的坚强。在他竞选参议员落选的时候，他就说过："此路艰辛而泥泞，我一只脚滑了一下，另一只脚因而站不稳。但我缓口气，告诉自己，这不过是滑一跤，并不是死去而爬不起来。"

不停地超越苦难，在屡败之后还能屡战的人，是值得我们尊敬的人。谈到"屡败屡战"这一句话，怎么也绕不过晚清的曾国藩。这个进士出身的文人，于1852年奉命回湘办团练，团练初具规模后的前几年，他唯一做得成功的一件事就是只打败仗。从1854年练成水陆师出征，到1860年兵败羊栈岭，曾国藩可谓一败再败，小的败仗不计其数，大的惨败就有四场：1854年湘军初征就在岳州被太平军打得落花流水；1855年在江西鄱阳湖全军覆灭，连自己的座船也被抢走；1858年，部将李续宾率部血战三河镇，6000兵勇无一生还，三湘大地处处缟素；1860年，李秀成破羊栈岭，曾国藩在60里外的大营中写好遗书、帐悬佩刀，以求一死，好在李秀成主动退兵。

就像凤凰从烈火中涅槃，这个被满族大臣们讥笑为"屡战屡败"的常败将军曾国藩，最终用他"屡败屡战"的勇气与决绝，打到南京，用行动证明了自己是一个强者。

能不费多大曲折就能成功的事，算不上大事。举凡强者，必有异于常人之大事业。而世间能称之为大事的事，岂可轻而易举？好事多磨，不经过九曲十八弯，没有"屡败屡战"勇毅，几乎没有可能成为强者。

第五章　大格局需要大气魄

　　复盘成功者的成功，我们会发现所有的成功皆非偶然。当机会若隐若现时，他们往往敢为别人所不敢为，具有一种"舍我其谁"的大气魄。当挫折从天而降时，他们也承受的双肩，乃至推秤认输、从头再来的勇气。

当机立断，敢于拍板

一位探险者在人烟稀少的加拿大西部雪地上行走时，突然被捕熊器牢牢地夹住了脚。更可怕的是，这一地区晚间温度会降到零下几十度，遇此绝境，要么被冻死，要么断脚逃命。经过慎重思考，他果断地选择了后者，"给自己截肢"。

当做出选择后，他嘴里咬住帽子以防痛苦喊叫时咬伤舌头；他用血洗刀，权当消毒；他用衣服扎住小腿来止血；然后用锯齿刀锯断自己的腿骨。他终于将自己从捕熊夹中解救出来，用雪埋好断脚，以备以后能接上。他做完这些事后，开车走了150多公里才找到森林边上的一个医疗站，说明情况并告诉医生"我的脚还在雪地里"之后就瘫倒了。后来，他的脚并没有保住，但他智慧的选择却保住了生命。

这样的故事在中国有一个成语叫做壮士断腕，当人遇到一种两难选择的时候，必须要有选择的勇气，给自己一个正确的抉择。也就是说，关键的时候刻，人要敢于拍板，不管是工作上还是生活上。人类生活、工作和事业发展中都充满了选择，就连逛一次动物园也会有选择。时间有限，不可能走完所有路线，此时怎么取舍？凡碰到岔路口，选择一个方向前进，一边走，一边选择，每选择一次，就放弃一次，当然也遗憾一次。但是这样会在有限的时、间内，至少可以看到尽可能多的动物。如果不当机立断，你可能失去的更多。人生也是如此，左右为难的情形会时常出现，为了得到一半，必须放弃另一半。若过多地权衡，患得患失，其结果可能失去所有。

什么是魄力？魄力就是关键时刻敢于拍板的能力。敢于拍板也许不需要技术、知识，他需要的是魄力。是一种勇气，是对未来的一种信心。林彪打仗是很有名的，但是他很佩服粟裕。因为粟裕总是有百分之三十到四十的把握就敢于打仗。七战七捷都是在以弱胜强的基础之上的，都是敌我力量悬殊的基础上打胜的。而林彪作战强调谨慎，没有百分之八十的把握，不会开战。这也就容易浪费战机。这就是林彪佩服粟裕的原因。

袁绍却是一个反面教材。在官渡之战中，不断的犹豫、不断的浪费机会，最终，使曹操翻盘打败了袁绍。因为三儿子生病，就放弃最佳的战机。不断的犹豫，多谋而寡断。想的挺多，但就是不善于拍板。

这也是很多专家反而不能成事的原因。专家固然有过硬的专业知识，但是并不是所有专家都有良好的心理素质。因此，金融专家往往自己炒股会赔，而无双的谋士却做不到国君。相反历史上有许多文化并不高的人甚至能做到皇帝，其中一个关键的因素就是这些人敢为人所不能为。比如刘邦，他算不上什么学者，出身也不高贵，之前做过最大的官也不过就是一个亭长而已，但是，他既有胆识，也有谋略，因而能够在楚汉战争之后创立一个强盛的王朝，而他的一位将军韩信，固然是一个难得的军事天才，但是当刘邦猜疑他的时候，有人向他进言叫他自立为王，他却优柔寡断，最后暴死在吕后手中。按当时的形势，韩信完全有实力割据一方，但是他却不敢为，直到后来被夺了兵权，想有所图却也时过境迁，追悔已是莫及了。

　　唐太宗手下有两大奇才，一个是房玄龄，此人老谋深算。另一个是杜如晦，这个人很善良于决断。唐太宗把房玄龄和杜如晦合理地搭配起来。李世民在房玄龄研究安邦安国时，发现房玄龄能提出许多精辟的见解和具体的办法来。但是，房玄龄却对自己的想法和建议不善于整理。他的许多精辟见解，很难决定颁布哪一条。而杜如晦，虽不善于想事，但却善于对别人提出的意见做周密的分析，精于决断，什么事经他一审视，很快就能变成一项决策、律令提到唐太宗面前。于是，唐太宗就重用了他二人，把他们俩搭配起来，密切合作，组成合力，辅佐自己，从而形成了历史上著名的"房（玄龄）谋杜（如晦）断"的人才结构。房玄龄、杜如晦任左右相，珠联璧合，为"贞观之治"立下汗马功劳。杜如晦比房玄龄小 6 岁，却先房玄龄 18 年去世，可谓英年早逝。有一天，唐太宗在吃味道鲜美的甜瓜时，忽然想起了杜如晦，不禁潸然泪下，吃了一半便停下了，派人将另外的半个甜瓜放到杜如晦灵位上，以示悼念祭奠。后来，唐太宗将黄银官带赐予房玄龄时，又对他说："杜如晦曾经和你一起齐心协力辅助我，今日赏赐，却只有你一人了！"言罢不禁又黯然泪下。因为当时民间有黄银带能祛除鬼神恶气的说法，所以不便赐给杜家黄银带。太宗便叫人取来金带，派房玄龄亲自送到杜家去。可见，一个人的决断力是多么的重要。

　　很多时候，实际上没有多少时间让你犹豫不决，而遇到突发情况的时候，是最考验一个人决断能力的。当你不得不做决定的时候，就必须立即做出决定。而如何做出一个正确的决定，就完全取决于这个人的分析判断能力。而这些能力都来自于平常的历练当中。

这个世上不缺聪明的人，但是具有魄力的人却不多。这个世上不缺具有专业水平的人，但是缺有魄力、有担当的人。把有百分之九十把握可能做成的事做成，不值得夸耀什么，能把百分之三十、四十把握可能做成的事情做成，那才叫伟大。

有些人说的很好听，夸夸其谈这件事应该怎样怎样做，不应该怎样怎样做。但是一到他拍板时，就傻眼了。因为他也不知道自己有几成把握。也不知道自己的方法到底有效没有。这类人正如一个算命先生，当三个马上要应试的秀才去他那里占卦的时候，他只竖起了一个指头。后来有人问他，如果这三个秀才只有一个考上了怎么办？他说，那就正好一个呀。人家又问，如果两个考上了怎么办呢？他说，那就有一个考不中呀。人家又问，如果全部考上了呢？他说，那就一起中了呀。最后，人家问，如果全部没考上呢？他说，那就一个也不中呀。有很多人就象这个算命先生一样取巧，把事情做得十拿十稳，进行一种投机的行为。但是生活中没有这么多可以投机的事情，事后诸葛亮并不高明，因为这不是一种有担当的行为，更缺乏一种拍板的能力。

魄力不仅仅是勇气、担当，还是一份责任，要为自己的决策，自己的魄力负责。作为有主见的人，就是要有魄力，最忌讳的就是犹豫不决、瞻前顾后。要善于拍板。要勇于负责。如果必须要做出一个选择，那就立即勇于做出一个选择。做事，我们需要的就是有远见的人，有魄力的人，我们也不需要事前不敢拍板，却又事后做诸葛亮的人。经常遇到一些人，事前不吭声，出现问题了就说：事前就觉得不对。既然事前就觉得不对，为什么不敢表达呢。害怕承担责任。从一定程度可以称之为懦夫。

当然，一个人要有拍板的能力，有决断。不过，这里面有个问题。如果不经考虑周详就做出的决断，那就是鲁莽，而非魄力。

关键时刻破釜沉舟

公元前一世纪，罗马的凯撒大帝统领他的军队抵达英格兰后，下定了绝不退却的决心。为了使士兵们知道他的决心，凯撒当着士兵们的面，将所有运载他们的船只全部焚毁。

但很多青年在开始做事的时候往往给自己留着一条后路，作为遭遇困难时的退路。这样怎么能够成就伟大的事业呢？

破釜沉舟的军队，才能决战致胜。同样，一个人无论做什么事，务必抱着绝无退路的决心，勇往直前，遇到任何困难、障碍都不能后退。如果立志不坚，时时准备知难而退，那就绝不会有成功的一日。

或许，我们都羡慕成功者拥有的财富和荣耀，但我们只看到了他们的成功，却很少有人关注他们在成功背后所付出的艰辛。对这些成功者来说，他们也曾遭遇过失败，经历过挫折，但与别人不同的是，他们从来不给自己留退路。

成功者是不喜欢给自己留后路的，因为退只属于失败者。退路往往成为一个人退缩的理由，一旦事情有所不顺的时候，给自己留下后路的人总是惦记自己还有一个选项，因而不愿意尽力坚持目前的事业。所以，一个人要想成功，就要切断自己的退路、、因为没有退路，就只好尽自己最大的能力向着成功的方向前进，而任何一个人，一旦最大限度地发挥自己的能力去做一件事，那他成功的几率是非常大的。因而，？从这个角度讲，没有任何退路可走的人是最容易走向成功的。也就是说，没有退路即有出路。

戴摩西尼是古希腊著名的演说家，他曾经花大力气训练自己的演说能力。为此，他总躲在一个地下室练习口才。但是，这种训练极其枯燥，由于耐不住寂寞，他时不时就想出去溜达溜达，心总也静不下来，练习的效果很差。无奈之下，他横下心，挥动剪刀把自己的头发剃去一半，变成了一个怪模怪样的"阴阳头"。这样一来，因为羞于见人，他只得彻底打消了出去玩的念头，一心一意地练口才，一连数月足不出室，演讲水平突飞猛进。经过一番顽强的努力，戴摩西尼最终成为了世界闻名的大演说家。

专注是取得成功最重要的特质，只有心无旁骛、全神贯注，并且，持之以恒、锲而不舍地追逐既定的目标才有可能成功。但是，人人都有天生的惰性、有太多的欲望，要克服这些并不容易，于是也就难免战胜不了身心的倦怠，抵御不住世俗的诱惑。一些人因此半途而废，功亏一篑。那么，当惰性膨胀、欲望汹涌，追求的脚步踟蹰不前时，应该怎么办呢？不妨学学戴摩西尼，他的办法固然有些极端，但唯其如此，才能管用。他剃掉了一半头发，就彻底斩断了向惰性和欲望妥协的退路。而一旦没有退路可逃，就只能一门心思地朝前奔了。断掉退路来逼着自己成功，是许多明智者的共同选择。

曹操的部将徐晃在和刘备军争夺汉中的战争中，陈兵汉水，他的副将问，如果部队渡过汉水，遇上什么急事需要撤退怎么办？于是徐晃想出了一箱自作聪明的计策，搭起浮桥引兵渡行。然而就是这一条浮桥，断送了徐晃战胜的希望。黄忠、赵云左右夹攻，魏军战士因有退路而不思死战，纷纷被逼入汉水，死伤无数。韩信背水胜而徐晃背水败，其玄妙就在于徐晃为自己留了一条后路，将帅尚无誓死之心，兵士怎会安心作战呢？而在守街亭的战斗中，著名的"理论家"马谡不听诸葛亮之言，将士兵带到山上，而不是据于峡谷之中。他的理由是第一，居高临下，势如破竹，如果曹军过来，在峡谷中死斗会吃亏，如果从山上往下打，就会很占便宜。第二，他认为守峡谷是一种笨办法，因为那样简直没有退路，兵若败，不是上山就是后撤，还不如提前上山。如果，他丢了街亭，被斩了首级。"狭路相逢勇者胜"，马谡不明白诸葛亮这么布阵的真正用意，因此轻而易举的让对手看出一破绽，对他采取围攻，火烧等战术。所以，他这叫聪明反被聪明误。

《孙子兵法》有云"投之亡地然而存，陷之死地而后生"，原本以死地来激发士气，却因一条退路，军士能战则战，不战则退，怎能不败。

格局定结局

象棋之中，兵卒一旦过了界河是不能回头的，它只可以前进、左冲、右突，唯一不能做的就是后撤。但是，有一句棋语说"卒子过河当小车"，可见这些不可后撤的卒子，虽然只是一步一步的往前推进，其威力也不可挡。而在象棋中，如果要擒对方将帅，往往都只能取得一时先机而胜，这种时间，往往是一往无前，斩断退路的，也就是说，这是一场不是你死就是我活的战斗，只有如此，棋手才能更好地运筹棋局，否则，如果一味守得自身安全了才进攻，是不可能赢得棋局的。

战场瞬息万变，生生日新月异，所谓成败，往往只在瞬间就决定了。不给自己留退路，就会将自己的信心与勇敢全部集中在前进的道路上，会竭尽全力、孤注一掷地不断前行。此时，任何困难都会被你踩在脚下，任何挫折都会被甩在身后。当你历经艰辛之后会发现：原来，成功就在自己眼前。

法国著名作家雨果创作的名著《巴黎圣母院》是一部脍炙人口的作品。但是，在他创作这部作品的期间却有一段令人回味的小故事。当时的雨果正全身心投入到写作之中，《巴黎圣母院》在他那犀利的笔尖的敲击下也即将完成。但是有一天，他的一个非常要好的朋友突然兴冲冲地跑去约他明天出国旅游，飞机票已经买好，雨果也是一个非常喜欢出国旅游的人，此时的他正面临着两难抉择的局面：一边是即将完成的作品，一边是异国那充满诱惑的风情文化。但是，在他朋友把这个消息传达给他然后离去的时候，雨果终于下定了决心。他把家里所有的衣橱都锁得死死的，然后把这些钥匙都扔到了家附近的小池塘里面。所以，他便由于没有比较得体的衣服穿而不可能出国旅游了，在做完这件事后他又跑到自己房间开始全身心投入写作了。不久之后，《巴黎圣母院》也在他用心良苦的创作下问世了，假如当初雨果禁受不住外国风情文化的诱惑，毅然跟朋友出国旅游，那么，他的创作灵感可能会由此而受到很大影响，他的名著也不可能享有如此高的地位了。所以，他这封死了自己所有退路的行为可以说为他的人生点亮了成功的光芒。他在不给自己的人生留下退路的同时，使得他的前方更加宽阔和绚丽。

虽然有另一句话叫做"退一步海阔天空"，但这句话不用适用于战争胶着状态和事业关键时期，大部分情况下，我们退是给了跟自己争取更有利的机动位置。但是短兵相接的时候再退，那就会一退千里，一败涂地。我们给自己的人生留下了退路，那么，我们前进的步伐便会变得不坚定，前进的动力也会减少了许多。所以，我们应该学着下定决心全进，不要给自己的人生留下退路，铺出属于自己的成功之路。我们要像石头下的小草一样，不后退，不畏缩，冲破了石头的阻碍，茁壮地成长；要像茧中的蛹一样向前奋进，破茧而出，化成美丽的蝴蝶，要像项羽一样，破釜沉舟，置之死地而后生。

能战胜恐惧者即是勇士

一位功勋显赫的老兵在回忆一场恶战时，对前来采访他的记者说：在冲出壕沟发起冲锋的瞬间，我当然也害怕，心里也有恐惧，只不过我战胜了心中的恐惧。

强者并非无所畏惧的奥特曼，他也会有恐惧，他与弱者的区别是：弱者会听从恐惧的话，屈服与恐惧的淫威；而强者敢于正视恐惧，迎接挑战，就像鲁迅先生所说的——真的勇士，敢于直面惨淡的人生。明知山有虎，但缘于责任与担当，强者选择的是偏向虎山行。

当你像哥伦布一样，去到人迹未至的大海之中，你会有恐惧，而且是很深的恐惧，因为你不知道后头将会发生什么事。你离开了安全的陆地，从某个角度看，在陆地上的一切都很好，唯独欠缺一样——冒险。一想到未知，你全身汗毛竖起，心再度跳动起来，又是个十足鲜活的人，你的每一根纤维都变得生龙活虎，因为你接受了未知的挑战。

不管一切恐惧，接受未知的挑战就叫勇敢。恐惧会在那里，但当你一次又一次地接受挑战，慢慢、慢慢地，那些恐惧就会消逝。伴随未知所带来的喜悦和无比的狂喜，这些经验会使你坚强、使你完整，启发你的敏锐才智。生平头一次，你开始觉得生命不是了无生趣的，生命其实是一场冒险，于是恐惧逐渐消失了，之后你会总是去探索冒险所在的地方。

基本上，勇气是从已知到未知、从熟悉到陌生、从安逸到劳顿的一趟冒险之旅，这趟朝圣路上充满险阻，而你不知道目的地在哪里，也不知道你是否到得了，这是一场较量，唯有强者才知识人生是什么。

美印第安人喜欢这样一句话："不敢面对恐惧，就得一生一世躲着它。"

如果自己不能战胜恐惧，那么它的阴影就会跟着你，变成一种无法逃避的遗憾。我们不应该允许自己到了七老八十，才用苍凉的声音说："我本来想当一名作家的……"或者"我小学的时候曾经得到演讲比赛第一名，只是现在……我……我……我一在大家面前讲话就发抖。"

我们总不会因为担心别人嫌自己丑而永不出门吧。

不要因为惧怕空难和车祸而不敢去旅行，始终掩藏着自己渴望看到新奇事物的心情。

不要因为恐惧失望而害怕爱情……

以此类推，很多恐惧都会被击败。

不要轻易被困难击溃

人生路上遭遇的困难并不可怕，可怕的是被困难击倒，从此一蹶不振。任何人都不会永远一帆风顺，我们总会遇到一些困难。困难好比一块试金石，通过一个人对待困难的态度和面对困难采取的行动，就能检验出这个人在成功路上能走多远。最终获得成功的人，与碌碌无为者之间的区别就在于对待困难的态度。

在遭受挫败的时候，不断地为自己加油。在遭遇挫折的时候，有些人采取逃避、掩饰的态度，更有些人一遇到挫折，便情绪沮丧，甚至万念俱灰，完全向挫折低头。这种态度对自己是不利的。我们应该为自己加油，冷静分析产生挫折的原因，认真寻找摆脱困境的途径，千方百计地克服困难，勇敢地战胜挫折，这样才能重新燃起希望之火。

人生，就要拿得起放得下，若是放下了那些想不开的事情，精神自然就会愉悦，心情自然就会豁然开朗。

普拉格曼是美国著名的小说家。可是，很少有人知道，他连高中都没有读完。

在他的长篇小说颁奖典礼上，有一位记者问他："普拉格曼先生，您的事业如此成功，能告诉我们您成功的关键转折点是什么吗？"台上的人们都猜想普拉格曼肯定会回答童年时母亲的教训，或是少年时某个老师的悉心指点，或是成年后某次不起眼的机遇等等之类的话。然而，普拉格曼的回答却出乎所有人的意料："我生命中最关键的转折是在海军服役的那段日子。"

在众人好奇的目光中，普拉格曼讲述了一件令他终生难忘的事：

那是 1944 年 8 月的一个午夜，我在一次事故中受了重伤。舰长命令一名海军战士驾驶一艘小船连夜护送我上岸治疗。不幸的是，由于天色太暗，再加上海上起了风，我们的小船在那不勒斯海迷失了方向。那位护送我的战士非常恐慌，他拔出了枪想要自杀。我急忙阻止他说："你听我说，虽然我们现在迷失了方向，并且在黑暗中漂流了四五个小时，狂风随时可以掀翻小船要了我们的命。但是，我们仍然要有耐心。我坚信，我们肯定能驶出这片海！"其实，我劝告那位战士时慷慨激昂，可我自己的心中早已失去了信心。可是，我刚把话说完，奇迹出现了，就在我们前方不远处，我们看到了岸上灯塔的光芒。原来，我们的船离海岸不到三海里。就这样，我们上岸了，逃离了危险。

普拉格曼说："就在那一夜，就是那座灯塔上若隐若现的灯光彻底改变了我。这件颇具戏剧性的事情使我意识到，生活中有许多事情曾被人们看作是不可逆转的现实。其实更多的时候这只是我们的一种错觉。正是这些看似不可能的东西将我们的生命围住了，我们要敢于冲破它，让生命突围出去。如果一个人永远对生命充满信心，永远都感觉到希望的存在，那即使在最黑暗最危险的关头，我们也能看到希望的曙光。"

二战后，普拉格曼想要成为一名作家。于是他开始了疯狂的写作和疯狂的投稿。最初，他投出的稿件被一次又一次寄回，收到了一封又一封出版社的退稿信，就连身边的朋友都认为他根本不适合写作。每当他想要放弃的时候，他就会想起多年前的那个晚上，想起灯塔上的那点"希望之光"。他知道，生活中的挫折不管有多少，无论有多少"围墙"在围困着自己，自己都要挺直胸膛，突破重围，闯出一片属于自己的天地。

终于，他的生命突出了重围。他不但成了作家，而且成了世界知名的大作家。

普拉格曼用自己的亲身经历告诉我们：不管在人生的道路上遇到怎样的"包围"，都要满怀着希望与热情，走出一条属于是自己的路，让自己获得新生，用自己的执着让自己突出重围，用自己坚强的意志迎接辉煌的未来。

格局定结局

遇到失败或是挫折并不可怕，关键的是你如何对待挫折，不能一遇到挫折就心灰意冷、一蹶不振。古人云：天欲降大任于斯人也，必先苦其心志，劳其筋骨，饿其体肤，空乏其身，行拂乱其所为，所以动心忍性，增益其所不能。所以，在人生的道路上，我们要学会勇于面对挫折，不畏艰难，凭着坚强的毅力去拼搏，追求明天的成功。

遇到困难不要放弃，不要蛮干，也不要逃开。请评估情势，寻找解决方案，并且相信：无论发生什么，都是为了最终的美好结果。耐心是基本的。你撒下种子，经历暴风雨，然后等待丰收。请相信每个阻碍都有作用，然后去寻找最好的解决方案。

1890 年 7 月的一天，在奥维尔小镇外的麦田旁，37 岁得梵高正懊恼地对着麦浪发呆。他始终弄不明白，自己倾尽心血的画作，在那些收藏家眼里怎么就如同一张张被揉成一团的算术纸，一文不值。

梵高画布上的色彩总是特别鲜艳。他的画，以蔚蓝色天空与橙红色河岸为背景，衬托出一辆马车越过吊桥的场景。他画出来的树，似乎"可以再发出一百棵树苗"。他善于抓住落日来点缀化境，他画的向日葵看上去仿佛会放出光芒。

当时，上流社会的人不能理解梵高的画所表达的意向，他们以为他只是在粗糙、懒散地涂抹，一个上流社会的少妇看到梵高的油画，双眉一挑，不屑地说："我很难把这种东西称之为艺术。"面对讽刺，梵高也没有放弃自己的追求。

可惜，梵高的画一直无法得到上流社会和收藏家的青睐，他那些优秀的画作在上流社会人士的眼中犹如一张张废纸。一次次的失败，使梵高日渐变得愤世绝望。这时他失去了对自己的正确评价，开始承认自己是以为彻头彻尾的失败者。他再也不敢面对这个世界了，他决定离开人世，让疲惫不堪的心得到永久的安息。

在他自杀身亡几年后，巴黎、伦敦、纽约……许多著名的大博物馆为得到梵高的一幅画而荣耀不已。在拍卖行，梵高的画价格一涨再涨，达到了世界绘画艺术的最高价格。不少富有的收藏家为得到梵高的一幅画而费尽心机。

梵高的作品身价倍增，其中的《鸢尾花》为 5330 万美元，《向日葵》为 3985 万美元，《在圣雷米的收容所和小教堂的景色》为 2000 万美元。然而这一切，梵高再也可能看到了！

一切苦难到最后都会消失，旧的去了，新的再来，在不久的将来，新的也会变成旧的，循环往复。在面对苦难的时候，千万不要浪费时间，更不要按照别人的意愿去活，而是要跟着自己的感觉和勇气，你的直觉是怎样的，你想要成为怎样的人，你想以怎样的方式继续下去，在苦难以后，你将会收获些什么……这些，才是最重要的。

善于"剪掉"身上的多余

"剪掉"不适合自己干的事情，留下一个适合自己发展的空间。

格局定结局

对大部分人来说，如果一入社会就善用自己的精力，不让它消耗在一些毫无意义的事情上，那么就有成功的希望。但是，很多人却喜欢东学一点、西学一下，尽管忙碌了一生却往往没有培养自己的专长，结果，到头来什么事情也没做成，更谈不上有什么强项。

明智的人懂得把全部的精力集中在一件事上，唯有如此方能实现目标；明智的人也善于依靠不屈不挠的意志、百折不回的决心以及持之以恒的忍耐力，努力在激烈的生存竞争中去获得胜利。

当玫瑰含苞欲放时，须剪掉它周围的花骨朵——这句话是大名鼎鼎的石油大王洛克菲勒的名言。道理很简单，一枝方能独秀，富有经验的园丁们都深谙此道，他们知道，为了使树木能更快地茁壮成长，为了让以后的果实结得更饱满，就必须要忍痛将这些旁枝剪去。否则，若保留这些枝条，那么肯定会极大影响将来的总收成。

那些有经验的花匠也习惯把许多快要绽开的花蕾剪去，尽管这些花蕾同样可以开出美丽的花朵，但花匠们知道，剪去大部分花蕾后，可以使所有的养分都集中在其余的少数花蕾上。等到这少数花蕾绽开时，就可以成为那种罕见、珍贵、硕大无比的奇葩。

做人就像培植花木一样，我们与其把所有的精力消耗在许多毫无意义的事情上，还不如看准一项适合自己的重要事业，集中所有精力，埋头苦干，全力以赴，这样才能取得杰出的成绩。

如果我们想成为一个众人叹服的领袖，成为一个才识过人、卓越优秀的人物，就一定要排除大脑中许多杂乱无绪的念头。如果我们想在一个重要的方面取得伟大的成就，那么就要大胆地举起剪刀，把所有微不足道的、平凡无奇的、毫无把握的愿望完全"剪去"，即便是那些看似已有实现可能的愿望，也要服从于自己的主要发展方向，必须忍痛"剪掉"。

世界上无数的失败者之所以没有成功，主要不是因为他们才干不够，而是因为他们不能集中精力、不能全力以赴地去做适当的工作，他们使自己的大好精力消耗在无数琐事之中，而他们自己竟然还从未觉悟到这一问题：如果他们把心中的那些杂念一一剪掉，使生命力中的所有养料都集中到一个方面，那么他们将来一定会惊讶——自己的事业竟然能够结出那么美丽丰硕的果实！拥有一种专门的技能要比有十种心思来得有价值，有专门技能的人随时随地都在这方面下苦功求进步，时时刻刻都在设法弥补自己此方面的缺陷和弱点，总是要想到把事情做得尽善尽美。而有十种心思的人不一样，他可能会忙不过来，要顾及这一点又要顾及那一个，由于精力和心思分散，事事只能做到"尚可"，结果当然是不可能取得突出成绩。

现代社会的竞争日趋激烈，所以，我们必须专心一致，对自己的目标全力以赴，这样才能做到得心应手，取得出色的业绩。

输得起才赢得起

俞敏洪说，人要有面对失败的勇气。他在自己的生命历程中遭遇过很多次失败，但是不断地失败才使他知道，坦然面对挫折和失败应该成为一种常态。一个人只有输得起，才能赢得起。

当年越王勾践兵败被俘时，输了江山，输了王位，输了尊严，真可谓输得个精光。但他表面上输了就输了，内心却不认输！他忍受各种难以想象的凌辱，方才换回了自己的自由。是苟且偷生吗？非也，他最终用吴王的鲜血洗刷了自己的耻辱。

还有一个例子。楚汉相争时，刘邦很少占上风，老是被项羽欺侮。刘邦先打下关中咸阳（秦都），按照原先的约定"先入关中者王之"，应该是刘邦当王。但项羽仗着手里兵强马壮，不遵守约定，就在彭城称王。刘邦心里有气，但没有办法，只得忍气吞声装傻认输。项羽称王不要紧，还一口气封了18个诸侯，却只给灭秦立了大功的刘邦一个小小的汉王，封地是当时边远的巴、蜀、汉中（汉中稍好）等地。刘邦还是没脾气，只得委曲求全，远赴封地。刘邦输得起。而等到后来刘邦势强，将项羽追杀到乌江边时，项羽输不起了。输了多没面子，无颜见江东父老啊，于是用自杀的方式彻底毁灭了自己。一个输得起，一个输不起，境界不同，成就的事业也就有了高下之分。

认输比逞强需要更大的勇气。慷慨赴死易，委曲求全难。也正是这个缘由，项羽才会自刎于乌江河畔。

韩国的三星电子现在是一个国际知名品牌，其创始人李秉喆带领着三星走过无数坎坷方成大器。李秉喆并非神仙，他也有过重大失误，三星之所以没有深陷在失误的泥淖里沉没，完全是因为李秉喆及时退出的勇气与行动。在回顾他辉煌的一生时，李秉喆说过这样一句话："做事应该有上阵的勇气，也要有及时退出的勇气。"

李秉喆所谓的"退出的勇气"，其实就是一种"认输"的勇气与智慧。三星经营原则中很重要的一点，就是既敢于开拓，又勇于退出。李秉喆先生曾说过："如果没有100%的把握，那就不要上马。一旦决定某一种项目，就要全力以赴。如果认为没有胜算，那就赶快退出来。"

1973年，三星与日本造船业的巨头H公司合作，在韩国庆尚南道买下150万坪（1坪约合3.3平方米）土地准备建造世界最大规模的造船厂。但当时由于石油危机，世界造船业陷入困境，有的客户甚至放弃订单，要求取消合同。三星一看行情不利，就毅然决定该项目暂时不上马。后来，李秉喆先生回顾说："如果当时那个造船厂上马，对三星的打击肯定是非常巨大的。做事应该有上阵的勇气，也要有及时退出的勇气。"

李秉喆的这次撤出虽然令自己"脸上无光"，但却避免了陷入一场持续投资却没有多大回报的泥潭。李秉喆认为：若不及早撤出，大型造船厂将很可能成为三星公司的"滑铁卢"，与其坐等因造船而全军覆没，不如另辟蹊径，别处生花。

格局定结局

做事必须能屈能伸。只能屈不能伸的人是庸才，只能伸不能屈的是骄兵，都不能真正顺应时势，成就一番丰功伟业。无论做什么事，在黎明前的黑暗一定要咬紧牙关挺住。但在实际操作之中，有些事经过仔细分析后，断无咸鱼翻身的可能。这时，唯有承认现实，保存实力。因此，"坚持"与"放弃"并不矛盾。他们是相辅相成，可以互补的。

谭传华是谁？可能有不少读者不知道，但要是问"谭木匠"是谁，相信知道的人要多得多。谭传华是"谭木匠"的创始人。谭传华出生在农村，18 岁因为意外失去右手手掌。23 岁时开始为期两年的流浪生活，在外的经历非常之坎坷。回到老家后，务过农，摆过摊。在 1993 年闯入木梳生产业，靠一把小小的木梳，在短短的几年里就打造出一家"百年老店"。他的名字叫谭传华，他所创立的"谭木匠"公司，在 2006 年与 2007 年先后进入《福布斯》中国企业潜力 100 榜榜单。

谭传华在经营"谭木匠"时，也犯过浑。在 1998 年，他在主业尚未完全稳固就玩儿起了电视剧，投资 250 万元拍摄四川方言电视剧《爬坡上坎》。拍好后正值春节将至，很多电视台打电话预订这部电视剧，以至于公司的两部联络电话"都打爆了"，但那时候他总感觉到以后还会有更大的"主"找上门。但这一等，将原本开价 400 万的主给错过了，春节过后两部电话再没有发出任何声音。谭传华费了很大的力气，才勉强将这部电视剧以 150 万的价格卖出去。

原本可以赚 150 万的多元化，结果反倒是亏了 100 万。那个时候，100 万对于谭传华来说是一笔不小的资金。他亏得郁闷极了。

谭传华亏了怎么办？——认输。他觉得自己不是经营电视剧的料，也没有精力与能力去做多元化。他承认自己输了、错了，决心不再三心二意，从此只做自己的木匠。

当恶果已经酿成，我们除了接受，还能怎么样呢。要改变是吗？那也就是后来的事情了，我们先需要接受。当我们接受了最坏的情况之后，我们就不会再损失什么了。这盘棋输了，我认输，我和你再来一盘。拿得起就要放得下，要不然就不要拿。赢得起也要输得起，要不然就不要去搏。

"在面对最坏的情况之后，"心理学家威利·卡瑞尔告诉我们说："我马上就轻松下来，感到一种好几天来没有经历过的平静。然后，我就能思考了。"应用心理学家威廉·詹姆斯教授曾经告诉他的学生说："你要愿意承担这种情况，因为能接受既成的事实，就是克服随之而来的任何不幸的第一个步骤。"

少抱怨外界，多审视自身

背靠上辈的荫泽，怀揣烫金的文凭，脑装丰富的经历，腰缠雄厚的资本，当然是一种有利于"过河"的本钱，或者其本身就已经过了河。对于更多的普通人来说，在这个世界的每一个角落，似乎都充满了抱怨和愤懑。

为什么我的机会那么少？

为什么一分耕耘换不回一分收获？

为什么，为什么……问了太多的为什么，却很少有人去想法找到真正的答案！

于是，怨天尤人、悲观宿命之类的行为与思想甚嚣尘上：不是我做得不好，而是世间人心太险恶；不是我付出太少，而是我命中注定劫难难逃。

当你感到整个世界都在辜负你的时候，当你感到不快乐的时候，当你感到世界都错了的时候，你不妨先问一问自己是否是对的。如果整个世界都在辜负你，那么错的肯定是你，而不是这个世界。你要想改变这个局面，唯一的办法是改变自己。当你以一种正确的态度去对待这个世界时，世界也会以一种正确的态度对待你。

平庸的人总是喜欢去找外界的种种不是作为理由，却不愿意审视自己的不是。他们看得见别人脸上的灰尘，却看不见自己鼻子上的污点。但强者们却总是在调整自己、提高自己，努力地将自己打造成一个与外界和谐的人。他们更加注重自我管理，深知只要自己对了，世界就对了。"现代戏剧之父"易卜生曾经告诫他人：你的最大责任就是把你这块材料铸造成器。说的就是这个道理。

一个人是否善于自我管理，对于一个人能否有成就非常重要。印度雷缪尔集团总经理、哈佛商学院的 MBA、伦敦商学院等多所学院的访问教授帕瑞克博士曾经说过："除非你能管理'自我'，否则你不能管理任何人或任何东西。"

帕瑞克认为，学校教育经常教我们怎样去管理他人和事物，却缺少教育我们怎样去管理自我。因此，这位博士把一半时间用于在全世界讲授自创的"自我管理"课程，他认为一个人最重要的就是自我管理。

华人首富李嘉诚先生在谈到自己的成功的秘诀时，也不止一次地强调自我管理的重要性。他说过，自我管理是一种静态管理。在人生不同的阶段中，要经常反思自问，我有什么心愿？我有没有宏伟的理想？我懂不懂得什么是有节制的热情？我有与命运拼搏的决心，但我有没有面对恐惧的勇敢？我有信心、有机会，但我有没有相应的智慧？我自信能力过人，但我有没有面对顺境、逆境都可以恰如其分行事的心力？

每个人，不管是天赋异禀还是资质平平，不管是出身高贵还是出身贫贱，都应该学会自我管理。"大多数人想改造这个世界，却极少有人想过改造自己。"伟大睿智的俄国作家列夫·托尔斯泰如是说。

你想拥有怎样的世界？你想做怎样的人？一切主动权都在你的手里。

当你感到世界都错了的时候，那么错的肯定是你。你要想改变这个局面，唯一的办法是改变你自己。

人生豪迈不过从头再来

在大山深处的一个村寨里，住着一位以砍柴为生的樵夫。樵夫的房子很破败，为了拥有一所亮堂的房子，樵夫每天早出

格局定结局

晚归。五年之后，他终于盖了一所比较满意的房子。

有一天，这个樵夫从集市上卖完柴回家，发现自己的房子火光冲天。他的房子失火了，左邻右舍正在帮忙救火，但火借风势，越烧越旺。最后，大家终于无能为力，放弃了救火。

大火终于将樵夫的房子化为灰烬。在袅袅的余烟中，樵夫手里拿了一根棍子，在废墟中仔细翻寻。围观的邻居以为他在找藏在屋里的值钱物件，好奇地在一旁注视着他的举动。过了半晌，樵夫终于兴奋地叫道："找到了！找到了！"

邻人纷纷向前一探究竟，只见樵夫手里捧着的是一把没有木把的斧头。樵夫大声地说："只要有这柄斧头，我就可以再建造一个家。"

当一切已经化为灰烬，只要你的梦想还在，激情还在，斗志还在，又有什么值得过度悲伤与气馁的呢？与其终日痛哭悔恨，不如放眼未来，从头再来。我们每个人都不会真正地输得精光。当无情的大火吞噬了我们的一切时，别忘了我们还有一把斧头，即使没有斧头，我们还有双手，还有智慧。我们可以从头再来！

> 昨天所有的荣誉，已变成遥远的回忆
> 勤勤苦苦已度过半生，今夜重又走入风雨
> 我不能随波浮沉，为了我至爱的亲人
> 再苦再难也要坚强，只为那些期待眼神
> 心若在梦就在，天地之间还有真爱
> 看成败，人生豪迈，只不过是从头再来

这首饱含男子汉气概的《从头再来》，不知激励与鼓舞了多少寒夜难眠的伤心人。

从头再来是一种不甘屈服的韧性，是一种善待失败的人生境界。从头再来源于你对现实和自己有清醒的认识，是对自己实力的一种肯定，是一种挑战困难、挑战自我的勇敢举动；从头再来，你不仅要忍受失败的苦楚，吸取失败的教训，还要坚守自己心中的信念，相信坚持到底就是胜利；从头再来是一种希望，是遭遇不测后忠实于生命的最好见证。

也许正是因为有"从头再来"的精神，八十多年前，67岁的大发明家爱迪生曾踩在百万资产的废墟上，面对被大火烧毁的研制工厂，乐观地说："现在，我们又重新开始了。"曾经连遭4次失败的打击，甚至负债百万的深圳创维集团董事长黄宏生终于获得了成功——今天他已是声震欧美和东南亚的国际企业家、深圳市政协委员了。

歌德说：苦难一经过去就变成甘美。其实，每个人的心都好比一颗水晶球，晶莹闪烁，然而一旦遭到不测，背叛生命的人会在黑暗中渐渐消殒，而忠实于生命的人总是将五颜六色折射到生命的每一个角落。

只要出现了一个结局，不管这结局是胜还是败，是幸运还是厄运，客观上都是一个崭新的从头再来。只要厄运打不垮信念，希望之光总会驱散绝望之云。

从头再来说起来是一件轻松的事情，做起来却并不容易，也并非像上面那首歌里唱的那么容易转变。可是，一旦拥有的一切化为乌有，除了从头再来又有什么办法呢？

格局定结局

尽管很多人认为从头再来并不意味着一种豪迈，而更多的是出于无奈。但是，谁能说为"无奈"找个出路不是一个好的办法，不是一种豪迈呢？记得可口可乐公司的一位老总颇为豪迈地说过：假如今天有一把大火把可口可乐化为乌有，只要有人在，我们就能再造一个可口可乐的奇迹！

就让我们把这从头再来的豪迈当成一种进步的序曲，扫去一切失败的阴霾，让机会更多地变成无可替换的收获！

心若在梦就在，天地之间还有真爱。看成败，人生豪迈，只不过是从头再来！

第六章　大格局需要大胸怀

大格局者，拥有开阔的心胸，不会因无脑小事导致情绪失态，更不会因环境不利而妄自菲薄。

正如孔子所强调的："君子坦荡荡，小人长戚戚"，只有无能小人才会计较些许得失，心胸狭隘之人，格局自然不会大。

器量决定你的成就

我们常常说"有容乃大，无欲则刚"，这个有容指的就是器量。器量有一个别样的称呼叫雅量。一般来说它是指一个人心胸宽广、豁达大度、从容不迫。

东晋时，前秦苻坚率数十万大军南征，谢安命谢玄在淝水一线抵御，东晋存亡，在此一举。而战况最为紧张时，谢安却在府中与客人下着围棋。前线捷报传来，谢安"看书竟，默然无言，徐向局"，竟然像是心中丝毫未起波澜。真到战争胜利时，他也只淡淡的说了一句"小儿辈大破贼"。这是何等的从容与豁达。要说他真的无虑生死，甚至视国家安危如儿戏，当然错了，这两件事他其实都是以全力应对的。只不过以超脱的精神、宽豁的胸怀与镇定的态度对待一切，是谢安长久以来有意培育的人格修养。又正因如此，他才能更为从容地处理重大事务。此所谓"举重若轻"。

一位君王，应当有王的器量，一位大师、名家，应当有大师的器量，一个人的器量，表现在他遇到不同问题时的态度以及处理方式，表现在他的一举一动，一言一行之中。

器量，首先意味着包容。一道篱笆三个桩，一个好汉得仨帮，足球从来不是一个人踢的，总有人与你同舟共济。与人合作不仅要发挥别人的长处，也得宽容别人的缺点。其实，优点与缺点犹如硬币的正反面，容不下反面，当然会丢掉正面。弥勒之所以成佛，就是因为他能够"大肚能容天下难容之事"。春秋战国时期，鲍叔和管仲合伙做生意，赚了钱管仲总是找各种借口多拿，赔了又想尽办法推脱。鲍叔对此一笑置之，认为管仲贪得惜失必有衷曲，以至于他形成了主动让利的习惯。后来，两人分别辅助齐国两位公子，管仲为了让自己辅助的公子纠顺利继位，半途袭杀公子小白，误认致死，导致其率先入齐继位，这就是齐桓公。齐桓公获得了齐国的治理权，鲍叔连忙向他推荐管仲。在管仲的辅助下，齐国没过多久，成了天下霸主。一个容字，容出了强盛的齐国，容出一部千年经济学绝唱《盐铁论》。

乾隆的臣子中有一名叫兆惠的大将，因为受到诬陷被投到狱中待审。有一个名叫胡富贵的监狱长因兆惠没有给他送银子而对兆惠进行了残酷的毒打和侮辱，兆惠因而几乎丧命。他发誓出狱后一定要手刃胡富贵，以雪其狱中所受之辱。

果然，兆惠后来雪冤出狱且被封为大将，到处找胡富贵报仇。胡富贵也因害怕到处躲着兆惠。后来乾隆为满足兆惠的报仇愿望而特意把胡富贵调到兆惠的军中，并说：英雄快意冤仇相报，昔日李广曾杀灞陵尉，朕为什么不能成全兆惠这个心愿？兆惠听了之后感动得五内俱沸。

但纪晓岚和傅恒（福康安之父）却对兆惠说了这样一段话：

士可杀而不可辱，灞陵尉吃醉了酒，李广又是赋闲将军，遭辱忍不下这口气，再掌军权，就杀了这个不晓事的人。很痛快——你的事和他仿佛。就皇上而言，死一个胡富贵，得一员上将，这个出入账不消算的。但司马迁著文提这一笔，可不是在夸奖李广，是贬说他的器量——韩信受胯下之辱，拜帅之后又用了辱他的人，提这一笔，却是在赞赏韩信——你们好生想想。李广百战之功不得封侯，到底是生不逢时，还是他的器宇不够？"

兆惠听了他们的话之后，顿时如醍醐灌顶，后来宽恕了胡富贵。而胡后来也成了兆惠手下一员得力干将。最终兆惠也因战功赫赫进了贤良祠。

傅纪二人的这段话很深刻，的确如此，我们很多人都为李广有百战之功却不得封侯而感到冤枉，也有人认为是汉武帝只偏宠自己的国舅卫青而不给有勇有谋的李广太多的赏赐。读了这段话之后，我们就会有另外一种认识，李广之所以不得封侯是因为他的器宇不够。器量不够者如周瑜，总然雄姿英发，能够谈笑樯橹灰飞烟来。但是由于他没有容人之量，最后活生生把自己气死了。临死前还至死不悟，嘴里大叫着"既生瑜，何生亮"。

周瑜的早逝，与其气量有关。一个人没有容人之量，心胸狭窄，鼠肚鸡肠的话，虽说不至都象周瑜一样失去生命，但是你的小器毁灭你的事业总是够了。

？器量，讲一个德字。小成靠智，大功靠德。没有道德做基，功业既做不大也不会长久。改革开放初期，很多聪明人凭借好政策，兴企办厂，率先致富，名噪一时。今天回头一看，当初充斥报纸版面和电视荧屏的明星企业家们，有的折戟沉沙，有的锒铛入狱，有的黯然收场，只有万向节集团的鲁冠球风采依旧。为什么？因为他把财富当成了手段，回报社会才是企业的最终目的。所以三十多年来，万向节集团的财富积累翻了一番又一番，就像一棵常青树充满了生机。海尔、康师傅、娃哈哈、网易……著名企业能够快速成长，莫不与其报答社会造福人类的浓厚企业文化相关。创业，不能仅仅理解为个人财富的追求，不是简单地就能将劳动者转变为创业者，它更像是担当一种责任、带领一个集体实现共同目标。

器量，讲一个忍字。如果项羽当年忍受挫折，保全性命，以待东山再起，天下就未必姓刘。可惜的是，他把暂时的失败当作"丢面子"，见不得愁苦，听不进哀怨，轻易地割断了脖子。想要取得成功，就得忍难忍之气。同时代韩信，忍受胯下之辱，承受漂母之哺，终于抓住了人生际遇，在刘邦麾下攻城略地，一展大志。设想如若忍不住一时之气，哪会有来日的淮阴侯？

器量，讲一个韧字。水滴石穿，成功有时候就在于向前再迈一小步，可是，不少人却在黎明前放弃了整个白天。

一个人器量有多大，事业就能做多大。项羽和刘邦年轻的时候，都曾见到耀武扬威的始皇帝。前者称"彼可取而代也"，后者言"大丈夫当如此也"！可见，二位器量不俗。然而，待到秦末，群雄揭竿而起，逐鹿中原，剩下了项刘对决，方显出项羽器量略小。霸王优势占尽，而最终自刎乌江，输的不是"四面楚歌"，不是"智不逮人"，而是"无颜面对江东父老"的自暴自弃。市场经济，创业维艰，没有器量难以获得成功。

一个人要有器量。必须先把自己腾"空"，如果自满，自然不可能容物。布袋空了盛得下粮食，坛子空了盛得下美酒，盘碟空了盛得下可口的菜肴，器量空了才可以学知识，看轻自己才能够容人器量决定了一个人的高度，一个有器量的人才才会有所成就，否则他未来的成就势必会受到局限。在谨记"知识就是力量"的同时，也不妨也提醒自己————"器量决定了高度"，这是一个知识爆炸的时代，在我们追求知识、升学、才艺…的同时，千万不要忽略了：所谓的"内在"，除了充实知识、才艺外，还包括了充实修养、品格。？大海之所以纳百川，是因为它渊深；山岳之所以高万仞，是因为它博大，。做人，就应该有山海一样的器量，有宽宏大量的美德。

立身莫为浮名累

谁都不想做默默无闻的星辰去陪衬别人，都想成为醒目、耀眼的太阳和众星相拜的明月。所以，人们都奔走在求取功名的路上，有的人为了功名甚至不择手段，为了图一个虚名而走入歧途。

唐朝著名诗人宋之问有个外甥叫刘希夷，很有才华，是个年轻有为的诗人。一日，刘希夷写了一首诗，诗名叫《代悲白头翁》，到宋之问家中请宋指点。当刘希夷读到："古人无复洛阳东，今人还对落花风。年年岁岁花相似，岁岁年年人不同"时，宋之问情不自禁连连称好，忙问此诗可曾给他人看过，刘希夷告诉他刚刚写完，还没有给别人看。宋之问觉得诗中"年年岁岁花相似，岁岁年年人不同"这两句写得非常好，可以凭这两句而声震文坛，名垂青史，便要求刘希夷把这两句诗让给他。刘希夷说那两句话是他诗中的诗眼，如果去掉了，那整首诗就索然无味了，因此没有答应舅舅的要求。

晚上，宋之问睡不着觉，翻来覆去只是念这两句诗。心中暗想，此诗一面世，便是千古绝唱，名扬天下，一定要想法据为己有。于是起了歹意，居然命家仆将亲外甥刘希夷活活害死。这真是一起荒唐的杀人案，可见浮名过重之人心理是何等扭曲！

君子好名，小人贪利。客观地说，求名并非坏事。一个人有名誉感就有了进取的动力；有名誉感的人同时也有羞耻感，不想玷污了自己的名声。但是，什么事都不能过度，一旦超过了"度"，又不能一时获取，求名之心太切，有时就容易产生邪念，走歪门邪道。结果名誉没求来，反倒臭名远扬，又是何苦呢？

古今中外，为求虚名不择手段，最终身败名裂的例子很多，确实发人深思。有的人已小有名声，但还想名声大振，于是邪念膨胀，做了不该做的事情，使原有的名气也遭人怀疑，多么可悲啊！

在中世纪的意大利，有一个叫塔尔达利亚的数学家，在国内的数学擂台赛上享有"不可战胜者"的盛誉，他经过自己的苦心钻研，找到了三次方程式的新解法。这时，有个叫卡尔丹诺的人找到了他，声称自己有上万项发明，只有三次方程式对他是不解之谜，并为此而痛苦不堪。

善良的塔尔达利亚被哄骗了，把自己的新发现毫无保留地告诉了他。谁知，几天后，卡尔丹诺以自己的名义发表了一篇论文，阐述了三次方程式的新解法，将成果攫为己有。他的做法在相当一个时期里欺瞒了人们，但真相终究还是大白于天下了。现在，卡尔丹诺的名字在数学史上已经成了科学骗子的代名词。

宋之问、卡尔丹诺等也并非无能之辈，他们在各自的领域里都是很有建树的人。就宋之间来说，即使不夺刘希夷之诗，也已然名扬天下了。糟糕的是，人心不足，欲无止境！俗话说钱迷心窍，岂不知名也能迷住心窍。一旦被迷，就会使原来还有些才华的"聪明人"变得糊里糊涂，使原来还很清高的文化人变得既不"清"也不"高"，以致弄巧成拙，美名变成恶名。

其实求名并无过错，关键是不要死盯住不放，盯花了眼。那样，必然要走向沽名钓誉、欺世盗名之路。

人对名声的追求，如果超出了限度，超出了理智时，常常会迷失自我，不是你想干什么就干什么，而是名声要你干什么你就得干什么。

20世纪初，法国巴黎举行过一次十分有趣的小提琴演奏会，这个滑稽可笑的演奏会，是对追求名声的人的莫大讽刺。

巴黎有一个水平不高的小提琴演奏家准备开独奏音乐会，为了出名，他想了一个主意，请乔治·艾涅斯库为他伴奏。

乔治·艾涅斯库是罗马尼亚著名作曲、小提琴家、指挥家、钢琴家——被人们誉为"音乐大师"。大师经不住他的哀求，终于答应了他的要求。并且还请了一位著名钢琴家临时帮忙在台上翻谱。小提琴演奏会如期在音乐厅举行了。

可是，第二天巴黎有家报纸用了地道的法兰西式的俏皮口气写道："昨天晚上进行了一场十分有趣的音乐会，那个应该拉小提琴的人不知道为什么在弹钢琴；那个应该弹钢琴的人却在翻谱子；那个顶多只能翻谱子的人，却在拉小提琴！"

这个真实的故事告诉世人，一味追求名声的人，想让人家看到他的长处，结果人家却偏偏看到了他的短处。

德国生命哲学的先驱者叔本华说："凡是为野心所驱使，不顾自身的兴趣与快乐而拼命苦干的人，多半不会留下不朽的遗作。反而是那些追求真理与美善，避开邪念，公然向恶势力挑战并且蔑视它的人，往往得以千古留名。"

1903 年美国发明家莱特兄弟发明了飞机，并首次飞行试验成功后，名扬全球。一次，有一位记者好不容易找到兄弟俩人，要给他们拍照，弟弟奥维尔·莱特谢绝了记者的请求，他说："为什么要让那么多的人知道我俩的相貌呢？"

当记者要求哥哥威尔伯·莱特发表讲话时，威尔伯回答道："先生，你可知道，鹦鹉叫得呱呱响，但是它却不能翱翔于蓝天。"就这样，兄弟俩视荣誉如粪土，不写自传，从不接待新闻记者，更不喜欢抛头露面显示自己。有一次，奥维尔从口袋里取手帕时，带出来一条红丝带，姐姐见了问他是什么东西，他毫不在意地说："哦，我忘记告诉你了，这是法国政府今天下午发给我的荣誉奖章。"

居里夫人是发现镭元素的著名科学家，为人类做出了卓越的贡献，她又是怎样对待名声和荣誉的呢？

一天，居里夫人的一个女友来她家做客，忽然看见她的小女儿正在玩英国皇家学会刚刚奖给她的一枚金质奖章，便大吃一惊，忙问："玛丽亚，能够得到一枚英国皇家学会的奖章，这是极高的荣誉，你怎么能给孩子玩呢？"居里夫人笑了笑说："我是想让孩子从小就知道，荣誉就像玩具，只能玩玩而已，绝不能永远守着它，否则就将一事无成。"

谚语云："名声躲避追求的人，却去追求躲避它的人。"这是为什么？著名哲学家叔本华回答得很好，"这只因前者过分顺应世俗，而后者能够大胆反抗的缘故。"

就名声本身而言，有好名声，也有坏名声，还有不好不坏的名声。每个人都喜欢好名声，鄙视坏名声，这是人之常情。有人称名声为人生的第二生命，有人认为名声的丧失，有如生命的死亡。蒙古族还有一句谚语：宁可折断骨头，也不损坏名声。这些话都是教育人们要维护自己的好名声，做人就要做个堂堂正正的人，不干那些损坏名声之事。名声是一个人追求理想，完善自我的努力过程，但不是人生的目标。一个人如果把追求名声作为自己的人生目标，处处卖弄自己，显示自己，就会超出限度和理智，并无形中降低了自己的人格。

"立身莫为浮名累，凡事当作本色真。"这是已故的国学、书画大师启功曾写过的一副对联。一般来说，有强者之志、有强者之能的人，内心深处的名誉感要比平常人强烈一些。如何战胜自己内心蛰伏的名誉感，不让其过度膨胀，是每一个有志成为强者的人所应时时警醒的。

面子不必太看重

谁不爱面子呢？爱面子问题，几乎成为从古至今中国人的共同心态。半个世纪以前，林语堂在《中国人的脸》一文中就说过："中国人的脸，不但可以洗，可以刮，并且可以丢，可以赏，可以争，可以留，有时好像争脸是人生的第一要义，甚至倾家荡产而为之，也不为过。"深刻地刻画的国人的这种特性。

鲁迅先生在《说"面子"》一文中说过，"每一种身份，就有一种面子"。人们的"面子"观念往往是与他在社会上的地位、职业相称的，例如自古以来，中国的读书人就不屑于与商人为伍，他们的面子只是与学问连在一起的，而作为商人，他们的面子恐怕也跟"财富"密切相关。人们在心里都有一种对自我形象的定位，做了与这种形象不相称的行为，他们就认为"丢脸"了，而若是做了令这种形象光彩的行为，他们就会觉得"很有面子"。

"很有面子"的人貌似强者，他们被大众所喜欢、尊敬、信任、羡慕，成为结交朋友、吸引他人的一种资源，成为满足人们的自尊需要、交际需要的重要手段；可以获得他人的赞扬、羡慕、敬重等，以此满足自己的荣誉感，满足自己的虚荣心理；可以说话有人听，行为有人仿，他们拥有对他人更大的影响力和感染力，可充分满足自己对权的需要、对他人的支配欲望；可以给自己更大的信心、尊严，因而成为自己进一步行动的重要驱动力……由于这些因素的综合作用，就会促使一些人不顾一切地去"讲面子""爱面子"，可以说它几乎成了一些人们的一种"本能"，一种比较"原始"的心理需求及其行为的"原动力"。

要"面子"在一定程度上可以理解为要脸。人要脸，树要皮。但要脸也应该注意一个限度，不要因为自尊心的过强而演变成"死要面子"。

那么，究竟是哪些类型的人会过分地去追逐"面子"呢？甚至达到"死要面子活受罪"的程度呢？

第一，虚荣心越是强烈的人越是要"面子"。

所谓虚荣，指的是虚假的荣耀，表面上的荣誉。譬如，有的人，在老人活着的时候从不关心老人尽自己的孝心，甚至扔在一边不照顾，然而老人一死，却大肆铺张讲排场，大搞豪华葬礼。显然，这并不是对死者的孝心，而是为了做给他人看的，以此表明自己对老人是如何如何的"孝"，即仅仅是为了自己的荣誉而大搞豪华的葬礼的。因此，虚荣，本是一种无聊的骗人术，然而有许多人却一个劲儿地追求它。究其实质，就是为了一种"面子"：即使是假的，也要打扮、装饰自己一下。因此，虚荣心越强烈的人也就越要"面子"。

第二，成就欲越是强烈的人越是要"面子"。

成就欲，指的是人们想完成重要的工作，做出杰出成绩的动机。一个人成就欲是否强烈，会很大程度上影响其完成工作的决心，因此持有强烈的成就欲望，这本是一件好事。然而当个人意识到自己所掌握的"资源"（如知识水平、能力以及社会关系等）不足以使他完成自己设想的目标时，从而使他感觉到有可能失去他人较高的评价、承认和赞扬时，他就会变得"矫揉造作"，总想以其他的方式"弥补"自我资源的不足，从而产生各种各样的虚假的"面子行为"。

第三，自尊心越是过于强烈的人越要"面子"。

自尊心，这是个人对自我感觉的一种体验。自尊感强的人，往往对自己生活的方式感到满意，对自己存在的价值感觉到重要，因而喜欢自己、尊重自己。然而当一个人不切实际地持有过高的自尊心时，就会刻意地维护、追求自我的形象，夸大自己，千方百计地粉饰、点缀自己，表现出一种强烈的"要面子"的心理。

第四，权力欲越是旺盛的人越是要"面子"。

所谓权力欲，指的是试图影响、支配、控制他人的一种欲望。权力欲过于旺盛的人一般都有两大毛病：一是过于自信，过于相信自己的力量；二是过于自负，过于自以为是。因而在行为上必然要求他人对他"绝对信任""绝对服从"，不能有丝毫怀疑，谁如果违背了他的意志，或如果当面顶撞了他，那么就等于触犯了他的"神经"，他就会暴跳如雷，就会千方百计地整你。为何他会这样做？其中有一点，那就是他强烈的面子观念起了很大的作用，为了要保全自己的面子，就不得不牺牲自己部下的面子。

总之，在上述多种动机的支配下，有许多人变得"死要面子"，甚至达到"活受罪"的程度。

譬如，有的人经济上原本十分拮据，完全没有实力与他人比阔，然而为了"死要面子"，就节衣缩食，"勒紧了自己裤腰带"，甚至"举了债"，也要与他人比阔。

有的人为了"死要面子"，自己本无多大的实力和"后台"，然而却伪造假象，蒙骗他人，有的四处吹嘘自己如何如何"有能耐"，有的则无限夸大自己的"后台"是如何如何的"硬"，因而什么东西都能搞得到，什么事情都能办得到。

有的人为了"死要面子"，明明自己是"普通一兵"，然而一到某些场合就显得尤其活跃，硬是往"名流"里去靠，借"名流"的声望来抬高自己。

有的人为了"死要面子"，明明是靠偶然的意外获得一次成功，明明自己是"喜出望外"，内心异常激动万分，然而却装得很有"修养"，异常地"深沉"，还显出若无其事的样子来，一副过于谦虚、故作姿态的样子。

有的人为了"死要面子"，还不惜采取卑劣的手段诬陷他人，通过打击他人的方式来抬高自己。

有的人为了"死要面子"，见荣誉就争，见利益就抢，不放过任何的机会来抬高自己、打扮自己。

有的人为了"死要面子"，自己犯了错误还"死不认账"，即使当面被人揭穿也要死撑到底，有的甚至还要倒打一耙，将原因推给他人，或是避重就轻，将原因归之客观，总之，千方百计地开脱自己的责任。

有的人在学术上明明是"草包"一个，然而为了"死要面子"，也不顾自己是不是理解，装腔作势、咬文嚼字、拿腔拿调、引经据典，一副假斯文的样子。

有的人为了"死要面子"，对那些不给自己"面子"的人或是威胁到自己"面子"的人，往往采取主动地贬抑他人的攻击性态度，以及"一报还一报"的报复态度，以维护自己所谓的尊严。

总之，当一个人陷于"死要面子"的误区时，他的心理，他的行为就会变得不可思议起来，其结果无外乎"受罪活该"。

该低头时要低头

一次，一位气宇轩昂的年轻人，昂首挺胸，迈着大步去拜访一位德高望重前辈。不料，一进门，他的头就狠狠地撞在了门框上，疼得他一边不住地用手揉搓，一边看着比他的身子矮一大截的门。恰巧，这时那位前辈来迎接他，看到他，笑眯眯地说："很疼吧！可是，这是你今天来访问我的最大收获啊。"年轻人不解，疑惑地望着他。"一个人要想平安无事地生活在世上，就必须时刻记住，该低头时就低头。这也是我要教你的事情。"老人平静地阐发着他的睿智。

他就是美国之父富兰克林。富兰克林把这次访问得到的教导看成是一生最大的收获，并把它作为人生的生活准则去遵守。他把"记得低头"作为毕生为人处世的座右铭，受益终生。后来，他成为功勋卓越的一代伟人－－－美国著名的政治家、科学家、社会活动家。

如果知道自己不是宇宙的主宰，那么就必须学会低头。一个不懂得低头的人在事业上是永远不可能有任何作为的，道理很简单，做任何事，都是与人的合作，而人和人在人格上是平等的，没有人先天就是你的奴隶，如果你想办一件事，你只有在充分尊重对方的基础上，才可能利用到你的人脉关系，否则，别人会为要帮你？或者说，如果他有别的选择，为什么选择跟一个没什么人格魅力的人合作？

同样，如果一个人不懂得低头，他的家庭关系也会弄得一团糟。尤其作为一个男人，在家里如果随时拿起大男子主义的架子，不肯为任何错误负责人。那么首先作为他的妻子就会非常辛苦，而女人大多数是需要别人照顾和宠爱的，也是需要男人忍让的。如果一个男人不肯低头，和老婆斤斤计较，总是在摆事实讲道理，非要辩出个输赢不可。其结果，你可能理论上赢了，但你却失去了妻子的心。

这样的不低头，有什么意思义吗？你保持了你所谓的尊严，却失去了更多的东西，划算吗。有人问苏格拉底；"天与地的距离有多高？"苏格拉底笑答："三尺。"此人甚为不解："可我们很多人身高都超过五尺。"苏格拉底一语道破："所以我们要低头做人。"

低头是一种姿态，是做人最智慧的姿态；低头是一种态度，是处世最聪明的态度。

人生要经历千门万坎，洞开的大门并不完全适合我们的躯体，有时甚至还有人为的障碍，也许我们还要不时碰壁或伏地而行。若一味地讲"骨气"，到头来，不但被拒之门外，而且还会被撞得头破血流。学会低头，该低头时就低头，巧妙地穿过人生荆棘。它既是人生进步的一种策略和智慧，也是人生立身处世不可缺少的风度和修养。

在生活和事业上要取得成功，首先就要学会低头。这恰如演奏一支高昂的曲子，开始往往是低调的。低头，既是正确认识自己，也是对他人的一种尊重。什么时候都高昂着头，实际上是抬高自己，看低别人。你瞧不起别人，人家干嘛要瞧得起你呢？因此，你再优秀，再有名，也没有人愿意与你合作。

不是所有的坚持都让人敬仰，不是所有的忍让都让人叫做逃避。回顾历史，那一位位失败者，大多数都是因为不懂得低头所造成的。

乌江畔，斜阳下，你披坚执锐，可也无可奈何地看着虞姬自刎。确实，你比刘邦强，但有两点缺憾，却使你自取灭亡。其一，你不会用人，留不住范增；其二，你不懂得低头，不肯过江东，率江东子弟卷土重来。或许，你认为回江东是苟活，背叛了你的"宁为玉碎，不为瓦全"的信念，但只有回到江东，你才有立足之地，你才能与刘邦抗衡。也许，回江东后，历史仍不能改写，但定能在你的人生画卷上再描上浓墨重彩的一笔。

历史的长河中有过不少耀眼的浪花，在一个个浪花中，我们不仅看到一个背影——勾践。是他，平定吴国；是他卧薪尝胆，在夫差面前的低头，使自己得到复仇与振兴国家的机会。低头的魄力在勾践身上显露无疑，在春秋这群雄逐鹿的时代，低头做人处事，才能开拓出属于自己的一片舞台。

当然，低头并不意味着把自己不当人。一个人学会低调，低头做人也要有一定的原则，否则，你就会失去自己，成为别人眼里的老好人。而俗话说："一个人把自己当驴，就要怪别人骑上来"。一支曲子，越唱越低，就会唱不下去，而一个人，一味的低，就会成为尘埃。有人把低头理解为唯唯诺诺、忍让一切，理解为逆来顺受、低声下气，这是不正确的。

低头是一种能力，它不是自卑，也不是怯弱，它是清醒中的嬗变。有时，稍微低一下头，或许我们的人生路会更精彩。懂得低头，才能出头！要学到新东西，要不断进步，就必须放低自己的姿势。只有懂得谦虚的意义，才会得到别人的教诲，才会处处受人喜爱。

一个人活在世上，就必须时刻记住低头。不论你的资力、能力如何，在茫茫人海里，你只是一个小分子，无疑是渺小的。当我们把奋斗目标看得很高的时候，更要在人生舞台上唱低调。在生活中保持低姿态，把自己看轻些，把别人看重些。其实，我们的生活又何尝不是如此。

一个自视甚高的人往往怀才不遇，而一个怀才不遇的人，往往看不到他人的优秀，最后就会愤世嫉俗，在人生的道路上陷入一个恶性循环。历史上和一些著名的才子，虽然他们的才华盖世，可是他们的人生却很不幸，其实，就是他们学不会低头，一味清高，不肯适应环境，适应社会。最后，他们也无法达成自己"长风破浪会有时"的宏大愿望，甚至是与自己的理想背道而驰。

只有敢于低头并不断否定自己的人，才能够不断汲取教训，才不会为别人的成功而欣喜，为自己的不足而自省，才会在挫折面前发愤努力。要放下架子，不齿相师。"谦虚使人进步，骄傲使人落后。我们知道的、了解的只是汪洋中的一滴；而别人，在某一方面肯定有值得你学习的东西。一句话：把自己的杯子放低，才能吸纳别人的智慧和经验。

英国学者培根曾说："要征服自然，首先要服从自然。"学会服从，才有征服；学会低头，最后才能昂首；学会忍让，才能获得成功！是的，学会低头才能在"山穷水复疑无路"的环境中，找到"柳暗花明又一村"的感受。

别让情绪干扰了自己

日常生活中常会遇到一些让我们义愤填膺、怒气难抑的事情，碰到这种事情的时候，作出正确选择的第一关键就是"保持理性"。

所谓的保持理性，就是不要让你的情绪来误导你的决定。人有七情六欲，就像人有五脏六腑一样，是很自然的事，可是在作选择的时刻，千万不能被情绪牵着鼻子走。要发泄情绪可以回家关起门来一个人解决，不需要让你的负面情绪再"害"你一次。

有时候，有些问题其实并不难应付，也就是说，要作出正确的选择是件很简单的事情，但偏偏有些人就是把事情搞砸，其根源常常出在负面情绪上。一旦人的思考空间被负面情绪占满了，就没有理性思考的空间了，没有理性思考的空间，就会分不清什么是好，什么是坏，因而造成闯入歧途的下场。

情绪就像风一样地自由任性、捉摸不定；时间、地点、人物等各式各样的因素都会扰乱情绪的稳定。在不同状态下所做出的选择可能会受到不同情绪的影响，而在这种情况下作出的选择往往都是非理性的。所以我们必须利用逻辑思维的方式冷静地判断后果，才能作出最好的选择。

所谓的逻辑思维是我们做判断时所运用的一种工具，也就是作选择时的工具。不过，这些工具及方法运用起来，可能需要花费很大的脑力，而这种耗费精力的事对某些人而言往往是种很大的折磨，因为，多数人总是懒得动脑筋去想事，越简单越好。

一个用情绪来做选择的人，往往看不清事情的真相，不经由大脑思考，完全凭直觉反应，而且情绪漂浮不定，所以他们处理事情便没有一个准则。如果能花点心思想一想再作选择，对于事情的结果也就比较能掌握，也就不会事到临头才干着急。

面对选择，最好的心态是等闲看云卷云舒，心静观花开花落，这样的选择可以从容一些。

据说，古罗马有个皇帝，常派人观察那些第二天就要被送上竞技场与猛兽空手搏斗的死刑犯，看他们在临死前一夜是怎样表现的，结果发现凄凄惶惶的犯人中居然有能呼呼大睡而且面不改色的人，于是便偷偷在第二天将他释放，训练成带兵打仗的猛将。

无独有偶，据传中国也有个君王，在接见新来的臣子时，总是故意叫他们在外面等待，迟迟不予理睬，再偷偷看这些人的表现，并对那些悠然自得、毫无焦躁之容的臣子刮目相看。

一个人的胸怀、气度、风范，可以从细微之处表现出来，或许，古罗马的那位皇帝以及古代中国的那位君王之所以对死囚或新臣委以重任，便是从他们细微的动作、情态中看到了与众不同的潜质，看到了那份处变不惊、遇事不乱的从容。从容是人自信的体现。

从容，是傲雪于严冬，"大雪压青松，青松挺且直"；从容，是义士之于刑枷，"我自横刀向天笑，去留肝胆两昆仑"；从容，是智者之于声色利诱，"非淡泊无以明志，非宁静无以致远"。从容，是一种理性，一种坚忍，一种气度，一种风范；只有从容，才能临危不乱，举止若定，化险为夷；也只有从容面对人生的选择，不惧怕危难，才能懂得格局的真谛。

当忍则忍，该退就退

人们常常把忍让与失败、放弃、躲避等词联系在一起，似乎忍让总带有某种贬义和消极的色彩。然而忍让却是善于变通者的法宝。忍让包含了很多层意义，我们可以把它看作是当下生活的中止，是个积聚能量的过程，在这样的停止中具有快速生长的可能。

忍让并不是从此以后就不再进攻，相反的，忍让是为了在积蓄了足够的力量以后更好地进攻。

曹操不乏英雄气概，但他也有让步的时候。他迎汉献帝定都许昌后，并不是万事大吉，他当时还不能"挟天子以令诸侯"，相反，曹操一时成为众矢之的。而曹操这时的力量并不强，与袁绍等人相比，更处于弱势。因此，曹操采取后发制人的方法，将袁绍打败。

曹操得势后，袁绍摆出盟主的架势，以许昌低湿、洛阳残破为由，要求曹操将献帝迁到鄄城，因鄄城离袁绍所据的冀州比较近，便于控制献帝。可是曹操在重大问题上不让步，断然拒绝了袁绍这一要求，而且还以献帝的名义写信责备袁绍说："你地大兵多，专门树立自己的势力，没看见你出师勤王，只看见你同别人互相攻伐。"袁绍无奈，只得上书表白一番。

曹操见袁绍不敢公开抗拒朝廷，便又以献帝的名义任袁绍为太尉，封邺侯。太尉虽是"三公"之一，但位在大将军曹操之下。袁绍见自己的地位反而不如曹操，十分不满，大怒道："曹操几次失败，都是我救了他，现在竟然挟天子命令起我来了。"拒绝接受任命。

曹操知道自己这时的实力还不如袁绍，不愿意在这个时候跟袁绍闹翻，决定暂时让步，便把大将军的头衔让给袁绍。自己任司空（也是"三公"之一），代理车骑将军（车骑将军只次于大将军和骠骑将军），以缓和同袁绍的矛盾。由于袁绍不在许都，曹操仍然总揽朝政。

与此同时，曹操安排和提升一些官员。以程昱为尚书，又任命他为东中郎将，领济阳太守，都督兖州事，巩固这一最早的根据地；以董昭为洛阳令，控制好新旧都城；授夏侯渊、曹洪、曹仁、乐进、李典、吕虔、于禁、徐晃、典韦等分别为将军、中郎将、校尉、都尉等，牢牢控制军队。

曹操表现得很谦恭。于是杨奉荐举曹操为镇东将军，袭父爵费亭侯。曹操连上《上书让封》《上书让弗宁侯》《谢袭弗亭侯表》等，表明他"有功不居"。曹操深知自己还是弱者，因此对袁绍的要求尽量满足，对朝廷的封赠表现出"力所不及"的谦恭。等到羽毛丰满后，他就露出真面目了。官渡一战，曹操彻底打败了袁绍。

在双方僵持的时候，他会先退几步，以求打破僵局，为自己积蓄力量赢得时机。善于把握进退的火候，恰当抉择进退的时机，把自己提高到一个更高的层次。

面对挫折、打击、磨难，应该沉着应对，不能被这些困难所压倒。忍受挫折的一种方法是发愤图强，准备东山再起，而不是由此沉沦。

当自己处于弱势时，不妨采取以退为进的方针，避开凌厉的锋芒，保存自己的实力。当忍则忍，该退就退，不勉强，不生硬。这时候，你就是真正的强者了。

以退为进，积蓄能量

当我们想跳过一个较高的障碍物时，往往会先退几步，通过助跑的方式一跃而起。这样，人会跳得更高、更远。强者是一些知道进退的人，他们与常人不同的是：他们的退是为进。

秦始皇从继位到亲政，其间经历了九年时间。这期间秦国的政权便落在了母亲赵太后和相国吕不韦的手中。这就使得与君权对立的两大政治集团的势力得到恶性膨胀。

秦始皇继位后，吕不韦的势力得到进一步扩张，而且还攫取了作为国君长者的"仲父"尊号，成为秦国首屈一指的巨富和政治暴发户。更为嚣张的是，吕不韦还招养门客三千人，著写《吕氏春秋》，目的就是企图在秦始皇亲政后，使其仍然按照自己的意图去统一和治理天下。

赵太后在秦庄襄王死后，孤身无偶，吕不韦投其所好，找来假宦官嫪毐，进入太后宫中。太后对他十分宠爱，除了自己所掌政务全部交于这个假宦官决断，还将其封为长信侯。依仗太后权势，假宦官为所欲为，不仅大肆挥霍国家财富，而且广泛搜罗党羽，图谋不轨，许多朝廷重要官员都投靠到他的门下。他家中有奴仆几千人，求得官职来当门客的达一千余人。

面对吕党和后党两集团的嚣张气焰，秦始皇深知自己势不如人，表面上采取了"忍"的策略，不动声色，暗地里却为扫除两大障碍做了充分准备，表现了一个英明君王高超的斗争艺术。

公元前238年，假宦官想在秦故都雍城的蕲年宫杀死秦始皇。秦始皇早有戒备，立刻命令昌平君等人率军镇压，活捉了假宦官。九月，将他车裂，诛灭三族，党羽皆枭首示众，受案件牵连的四千余人全部夺爵流放蜀地。

秦始皇并没有一鼓作气乘机铲除吕氏集团。吕不韦辅佐先王继位的卓著功勋众所周知，在秦国也有深厚的根基，操之过急，难免败事，因而秦始皇暂时没有动吕不韦。公元前237年，秦始皇根基已稳，于是开始逐步解决吕氏集团的问题。他先是免去吕不韦的相国职位，将他轰出秦都咸阳，赶到封邑洛阳居住。秦始皇怕吕不韦与关中六国勾结，最后派人赐他毒酒，迫他自尽。

秦始皇亲政不久，在处于劣势的情况下，以退为进，积蓄力量，以待时机，最后顺利铲除嫪毐、吕不韦两大敌对势力，巩固了君权，为其实现统一大业奠定了坚实的基础。在做大事的过程中，不能一味进攻，尤其身处弱势时，一定要巧妙避开对方的锋芒，寻找以退为进的转机。

当我们在成功的道路上突然陷入了死胡同，百般努力都找不到出路在何处时，不妨选择"以退为进"。"退"在某些时候，往往能为我们开创一片新的天空，当然，更为重要的是，"退"能够为我们创造出更多的机会。所以，退也可以看作是为了抓住更大的机会所做的必要准备。

欲擒故纵，欲抑先张

南北朝时期的名臣傅昭在其《处世明镜》中云："将欲抑之，必先张之；将欲擒之，必先纵之。"告诫人们为了更好地控制对手，可故意先放松一点，使其放松警惕，不加防范，于不知不觉中步入精心设计的圈套，这就是所谓的"以退为进，欲抑先与"。

少年皇帝康熙也曾用欲擒故纵的战术，剪除了权奸鳌拜。顺治帝临死之前，遗诏命鳌拜等四人为辅政大臣，共同辅佐年仅八岁的幼帝玄烨。鳌拜出身戎伍，野心勃勃，他见康熙皇帝年幼无知，便广植党羽，排斥异己，把揽朝廷大权，肆无忌惮地圈占农民的土地，扩张自己的权力，企图篡夺皇位。他经常在康熙面前呵斥大臣，甚至吼叫着与幼帝争论不休，直到康熙皇帝让步为止。

鳌拜的行为，引起朝野上下的不满，但大部分人慑于鳌拜的权势，不敢作声。唐熙六年（公元 1667 年），玄烨 14 岁，按照规定，他可以亲政了。鳌拜不但没有丝毫收敛，反而变本加厉。鳌拜的存在，已成为皇帝权威的严重威胁，但鳌拜羽翼丰满，大权在握，与其正面交锋，很可能要发生巨变。

少年皇帝康熙发挥自己的聪明智慧，不露声色地为铲除鳌拜集团进行准备工作。他给鳌拜父子分别加封"一等公""二等公"的封号，以后又分别加了"太师""少师"的封号，使他们位极人臣。与此同时，康熙亲自挑选一批忠实可靠的少年入宫，以练"布库戏（摔跤）"为名，组成了一支可靠的卫队——善扑营，在组织上悄悄地做了安排。行动之前，康熙将鳌拜的党羽以各种名义先后派出京城，以削其势。康熙八年五月十六日，康熙亲自向善扑营做了动员部署，宣布了鳌拜的罪状，随后召鳌拜进宫，立命擒之。

就这样，康熙未动一刀一枪、巧妙地运用欲擒先纵的变通之术，就除掉了权倾朝野的鳌拜。

在形势不允许、实力不够时，应该满足其欲望，骄其志气，培养其矛盾，加速其灭亡。运用欲擒先纵之术，不但要有一定的远见和智慧，而且还需要有过人的耐心和毅力。

相传，汉初北方有一个东胡国，常常向邻国寻衅，有一次，派一位使臣到邻国晋见国王，要求该国王送东胡一匹千里马。

邻国国王冒顿听了很气愤，但觉得自己的实力还不够强大，不足以与东胡抗衡，便采用欲擒故纵的策略，答应将本国最好的一匹宝马送给东胡。冒顿的大臣们认为，我国的这匹千里马是先王遗留下来的，不可轻易送人。冒顿却微笑着说："我与东胡为邻，不能为了一匹马伤了和气。"随即便叫使者把马牵了回去。

过了一段时间，东胡使者又带来国书，说东胡国王看上了冒顿王妻子的美貌，要冒顿王将夫人送给东胡国王。冒顿的大臣们听后气愤万分，纷纷请求冒顿斩掉来使，并发兵进讨东胡。冒顿又摇了摇头，说："他既然喜欢我的夫人，给他便是，岂可为了一个女人，失去一个邻国？"东胡国王得到了冒顿的良马、美人，日夜荒淫，并骄傲地认为冒顿真的惧怕自己的势力，于是更加得意忘形。

过了一段时间，他又派使者向冒顿索要两国交界的宝地。冒顿君臣得知后，对如何应付意见不一，有的主张给予，有的则强烈反对。冒顿此时却勃然大怒，拍案而起道："土地乃社稷之根本，岂可割予他人！东胡国王霸我王后，索我土地，实在是欺人太甚！是可忍，孰不可忍！现在是我们灭掉东胡，以雪国耻的时候了。"于是喝令左右将东胡来使推出斩首，接着他亲自披挂上阵，全国上下同仇敌忾，一举消灭了毫无防备的东胡。

欲擒之，先纵之。"擒"是目的，"纵"是手段，手段是为目的服务的。暂时放一马，不等于放虎归山，是要让对方斗志懈怠，体力、物力逐渐消耗，然后再寻找最佳机会取胜。

能做先纵后擒的强者，首先要有战略性眼光。能够洞察深远，计算准确，同时能忍小谋才是擒敌的前提。那些目光短浅、斤斤计较的人是难以做到的。其次对形势要有精确的判断力，何时该擒，何时该纵，需要掌握火候，把握一定的度。再者需具有相当的实力，能够收放自如，进退自如。最后，还需具有很好的耐心和毅力，去按照既定计划实现完成它。

舍小救大，屈一伸万

俗话说："吃亏是福，吃小亏占大便宜。"但是吃亏也是有技巧的，会吃亏的人，亏吃在明处，便宜占在暗处，让你被占了便宜还感激不尽，这也是一种大智慧。但在现实生活中理解和做到这点却很难。世上有多少人为了自身的利益，为了不吃亏、少吃亏，或为了多占便宜而演出了一幕幕你争我夺的闹剧。"人为财死，鸟为食亡"，这句俗语说得真是入木三分。岂不知吃亏与占便宜，正如祸和福一样，是可以相互依存和相互转化的。

可能有人会问，吃亏就是吃亏，占便宜就是占便宜，怎么能说吃亏反而是福呢？我们不妨换个角度来考虑这个问题：吃点亏，一是内心平静，不七上八下；二是得到旁观者的同情，落个好人缘；三是这次虽吃点亏，但因获得了道义上的支持，下次可能会得到许多，何亏之有？反之，占了他人的便宜，发点不义之财的人，心理上能安稳吗？而且还会失去人缘，落个坏名声。因为占一次便宜而堵了自己以后的路，得不偿失。所以，吃亏表面上是祸，其实是福；占便宜表面上是福，其实是祸。

不怕吃亏的人一般都平安无事，而且终究不会吃大亏，所谓善有善报。相反，总爱贪便宜的人最终贪不到真正的便宜，而且还会留下骂名，甚至因贪小便宜而毁灭自己，正所谓恶有恶报。

要做到不计较吃亏，甚至主动吃亏，就需要忍让，需要装糊涂。既然认识到吃亏是福，就不要斤斤计较和眼里揉不得沙子。在得失上装装糊涂就能更好地体会到吃亏是福的深刻含义了。

曾经有人说过这么一段极富哲理的话："福祸两字半边一样，半边不一样，就是说，两字相互牵连着。所以说你们得明白，凡遇好事的时候甭张狂，张狂过了头，后边就有祸事；凡遇到祸事的时候也甭乱套，忍着受着，哪怕咬着牙也得忍着受着。忍过了，受过了，好事跟着就来了。"

"吃亏是福"的奥妙是让着别人，不与人争强斗胜。这需要容忍，需要装糊涂。既然明白了上述道理，把钱财视为身外之物，就不要过分计较，患得患失。睁一只眼，闭一只眼，岂不是更好的人生？这样，所谓"吃亏是福"，仍然需要装糊涂，否则，怎么能会吃亏？怎么能由吃亏而得福呢？

郑板桥说："为人处，即是为己处。"意思是，替别人打算，就是为自己打算。这与今天所谓"我为人人，人人为我"是同样的道理。如果大家都能有吃亏的精神，那么这个世界岂不美好得多？还会有那么多的战争、杀戮、坑蒙拐骗以及种种罪恶和不道德行为吗？这样看来，吃亏就不仅是个人的福分，而是人类的福分了。当然，这并不是说，人立身行事，或在一切商业、政治、外交中，都要讲究吃亏。吃亏只是人生的一个谋略，是"抛芝麻而捡西瓜"的方法或手段。

从客观的角度说，一个人只要愿意吃小亏、敢于吃小亏，不去事事占便宜、讨好处，日后必有大"便宜"可得，也必成"正果"。因此，要想"占大便宜"，就必须能够吃小亏，敢于吃小亏，这甚至可以说是一条规律。那种事事处处要占便宜的人、不愿吃亏的人，到头来反而会吃大亏。

杨士奇是明朝时历任五代王朝的大臣。他为人谦恭礼让，以正理待人，从不存有偏见，受到历代君臣的称赞。

自明惠帝以后多年，杨士奇曾担任少傅、大学士等官职，他在政治、经济上的待遇都已经很可观了。明仁宗即位之后，让他兼任礼部尚书，不久又改兼兵部尚书。

对此，杨士奇心中很是不安，向仁宗皇帝辞谢，他说："我现任少傅、大学士等职务，再任尚书一职，确实有些名不符实，更怕群臣在背后指责。"仁宗皇帝劝解说："黄淮、金幼孜等人都是身兼三职，并未受人指责。别人是不会指责你的，你就不要推辞了！"杨士奇见君命难违，不能再推，就诚心实意地请求辞掉兵部尚书的薪俸。他认为，兵部尚书的职务可以担任，工作也可以做，但丰厚薪俸不能再接受。仁宗皇帝说："你在朝廷任职20余年，我因此特地要奖赏你才给予你这种经济待遇的，你就不必推辞了。""尚书每日的俸禄可供养60名壮士，我现在获得两份薪俸都已觉得过分了，怎么能再加呢？"杨士奇再三解释说。这时身旁的另一名大臣顺势插话劝解说："你可以辞掉大学士那份最低的薪俸嘛。"杨士奇说："我有心辞掉俸禄，就应该挑最丰厚的相辞，何必图虚名呢？"仁宗皇帝见他态度这样坚决，又确实出于真心，终于答应了他的请求。

　　杨士奇能够让出自己的俸禄，是难能可贵的，也正因为他主动让利，才使皇帝觉得他忠诚可靠，一心为国，不谋私利，是靠得住的大臣。这也是他能够在钩心斗角的朝廷之中安然度过了五代王朝的根本原因，哪一个做皇帝的不想用一个可靠的臣子呢？生活中也是一样，谁不想找几个可靠的人做合作伙伴和下属呢？从表面上看，杨士奇辞去俸禄是吃了亏，但正是这样才使皇帝觉得他可以重用，从而放心长时间地让他在朝廷中担任要职，由此杨士奇就可以更稳妥地抱着金饭碗享用一生。可见杨士奇吃了个小亏，却占了个大便宜。

　　人与人相处，难免会出现磕磕碰碰。遇到矛盾，双方起了摩擦该如何解决呢？是毫不相让，还是吃点亏以赚取好名声呢？

格局定结局

康熙年间的某一天，一人骑快马跑进宰相府。这并不是天下出了什么大事，而是宰相张英收到一封来自安徽桐城老家的信。

原来，他们家与邻居叶家发生了地界纠纷。两家大院的宅地，大约都是祖上的产业，时间久远了，地界便不怎么清晰了，这本来就是一笔糊涂账。但是想占便宜的人是不怕糊涂账的，他们往往过分相信自己的小算盘。于是两家的争执顿起，公说公有理，婆说婆有理，谁也不肯让一丝一毫。由于牵涉到宰相大人，官府都不愿沾惹是非，纠纷越闹越大，张家只好把这件事告诉张英。

张英看过来信，只是释然一笑，旁边的人面面相觑，莫名其妙，只见张大人挥起大笔，一首诗一挥而就。诗曰："千里家书只为墙，让他三尺又何妨。万里长城今犹在，不见当年秦始皇。"然后将诗交给来人，命快速带回老家。

家里人接到书信，很是意外。虽然不情愿但还是决定按照张英的意思办？立即拆让三尺。邻居们都交口称赞张英和他的家人的旷达态度。

对宰相一家的忍让行为，叶家十分感动。全家一致同意也把围墙向后退三尺。两家人的争端很快平息了，于是两家之间，空了一条巷子，有六尺宽，其中有张家的一半，也有叶家的一半。这条百余多米长的巷子很短，但留给人们的思索却很长。

张英仍位居一人之下万人之上的宰相，权威显赫，如果在处理自家与叶家的矛盾时，稍稍打个招呼，露点口风，肯定会发生自下而上的倾斜，叶家肯定无力抗衡；再进一步，要是通过地方政府干涉，叶家更会吃不了兜着走。但张英没有以权势压人，而是自己吃点小亏，礼让邻居。殊不知他这么做表面看来是家里吃了亏，但实际上却为自己赚了个正直、无私的好名声，没有吃半点亏。

忍辱负重，笑到最后

强者为什么能够忍受常人所不能忍受的侮辱？是因为他们心中有远大的理想——也就是说，他们身负重任。和他们身上的"负重"相比，侮辱算不了什么。也许应该这样说："负重忍辱"——因为"负重"，所以"忍辱"。

在有关忍辱负重的典故中，韩信的"胯下之辱"已够让人难以承受，但比起勾践的"尝粪问疾"来说，就显得"小巫见大巫"了。韩信只是从人裆下钻过，而勾践从一个过惯了锦衣玉食的一国之王，成为吴国的阶下囚，为奴三年，受尽凌辱。他为了活下去，为了生存，为了复国、复仇，为吴王当马夫，当"上马石"！他为了进一步麻痹夫差，以为夫差看病为名，竟尝其粪便，这令人想起来就作呕的行为远远超出了人的生理极限！实在难以想象！

中世纪时的欧洲，教权高于王权，教皇成了各国国王的太上皇。国王的登基和加冕要由教皇亲自主持。接见的时候，教皇坐着，而国王却要对他行屈膝礼。步行的时候，教皇骑马，国王则要为教皇牵马带路。

公元 1076 年，德意志神圣罗马帝国国王亨利与教皇格里高利争权夺利。斗争日益激烈，发展到了势不两立的地步。亨利想摆脱教皇的层层控制，获得更多的自主权和独立权。教皇则想进一步加强控制，把亨利所有的自主权都剥夺殆尽。

在矛盾激烈的关头，亨利首先发难，召集德国境内各教区的教士们开了一个宗教会议，宣布废除格里高利的教皇职位。而格里高利则针锋相对，在罗马的拉特兰诺宫召开了一个全基督教会的会议，宣布开除亨利王的教籍，不仅要德国人反对亨利，也在其他国家掀起了反亨利的浪潮。

教皇的号召力非常之大，一时间德国内外反亨利力量声势震天，特别是德国境内的大大小小的封建主都想兴兵造反，向亨利的王位发起了挑战。亨利顿时陷入了四面楚歌的艰难境地。

面对这样的危险形势，亨利虽然心里很不甘心，但是也知道如果不妥协，自己就要被彻底推翻。所以，他采取了以退为进的变通策略。

1077 年 1 月，亨利只带了两个随从，骑着一头小毛驴，冒着严寒，翻山越岭，千里迢迢前往罗马，准备向教皇请罪。可是教皇故意不予理睬，在亨利到达之前就到了远离罗马的卡诺莎行宫。亨利王只好又前往卡诺莎行宫去见教皇。到了卡诺莎，教皇命令紧闭城堡大门，禁止亨利进来。

当时鹅毛般的大雪漫天飞舞，天寒地冻，亨利王为了得到教皇的饶恕，顾不上什么帝王的身份，脱下帽子，屈膝跪在雪地上，一直跪了三天三夜。最后，教皇终于打开了城堡的大门，饶恕了事利。这就是历史上著名的"卡诺莎之行"。

亨利王的"卡诺莎之行"终于保住了他的教籍，也保住了王位。

亨利王回到德国以后，竭尽全力整治自己的国家，将蓄谋造反的封建主们各个击破，并剥夺了他们的爵位和封邑，曾一度危及他王位的内部反抗势力逐一破灭。在稳固自己的阵脚和地位以后，亨利立即发兵进攻罗马，准备消灭位高权重的教皇，以报跪求之辱。在亨利的强兵面前，格里高利弃城逃跑，最后客死他乡。

显然，亨利的"卡诺莎之行"是别有用心地。在他与教皇对峙，国内外反对声一片，特别是内部群雄并起，王位岌岌可危的情况下，为了获得格里高利的信任，不惜丢下王者之尊，在雪地里长跪了三天三夜，甘于忍受屈辱，其目的在于使心机不良的教皇放松警惕，使自己赢得喘息时间，以便重整旗鼓，东山再起，和教皇做最后较量。亨利王正是凭借着这一能屈能伸、以退为进的变通策略，所以才得以保住自己的地位，最终报仇雪耻。

也许有人会对这种做法嗤之以鼻，认为此举让人尊严扫尽。须知，非常手段只用在非常时刻，在关键时刻，放弃眼下似乎很重要的东西就能获得长远的胜利。

留得青山在，不怕没柴烧。德国皇帝雪地长跪求教皇的目的就以一时的屈辱换取以后的胜利。如果因为不肯暂时低头而蒙受巨大的损失，甚至把命都丢了，哪还谈得上未来和高远的理想？可是有不少人为了所谓的"面子"和"尊严"，不管自己的境况如何，而与对方强拼，结果一败涂地，有些人虽然获得"惨胜"，却也元气大伤。

所以，当你碰到对你不利的环境时，千万别逞一时之强，当一时之英雄，只有争取获得最后的胜利才能算得上真正的英雄。

人非圣贤，对于得失荣辱，谁都难以抛开，但是，要成就大业，就得分清轻重缓急，从长计议，该忍就忍，该退就退。一时的荣辱算不了什么，能够笑到最后的人才是真正的强者。